GEORG SCHWEDT

GOETHE ALS BOTANIKER –

Von der Metamorphose der Pflanzen bis zur Pflanzenchemie

Abbildung aus F. Cohn, Die Pflanze. Vorträge aus dem Gebiet der Botanik, Breslau 1882 (dort ohne Farbe)

Verlag Rockstuhl

Impressum

Umschlaggestaltung: Harald Rockstuhl, Bad Langensalza

Titelbild: Ferdinand Cohn, Die Pflanze. Vorträge aus dem Gebiete der Botanik, Breslau 1882 – S. 25.

Innenlayout: Prof. Dr. Georg Schwedt

ISBN 978-3-95966-782-1

Autor Prof. Dr. Georg Schwedt im Verzeichnis der Deutschen Nationalbibliothek mit der GND-Nr. 120302233 *(https://d-nb.info/gnd/120302233)*
sowie im globalen Register der Autorinnen und Autoren
mit der ISNI-Nr. 0000000109174881 *(https://isni.org/isni/0000000109174881)*

Druck und Bindearbeit: Digital Print Group Oliver Schimek GmbH, Nürnberg/Mittelfranken

Gedruckt auf alterungsbeständigem Papier nach ISO 9706

Die Deutsche Nationalbibliothek verzeichnet diese Publikation in der Deutschen Nationalbibliografie. Detaillierte bibliografische Daten sind im Internet über *http://dnb.d-nb.de* abrufbar.

Verlag Rockstuhl
www.verlag-rockstuhl.de

Verlag Rockstuhl, Inhaber: Harald Rockstuhl
Mitglied des Börsenvereins des Deutschen Buchhandels e.V.
Lange Brüdergasse 12 in D-99947 Bad Langensalza/Thüringen
Telefon: 03603 / 81 22 46, E-Mail: verlag-rockstuhl@web.de
www.verlag-rockstuhl@web.de
https://d-nb.info/gnd/1064213219

INHALT

Vorwort und Einleitung

Goethe: *Die Natur*

»Natur! Wir sind von ihr umgeben und umschlungen – unvermögend aus ihr herauszutreten, und unvermögend tiefer in sie hinein zu kommen. Ungebeten und ungewarnt nimmt sie uns in den Kreislauf ihres Tanzes auf und treibt sich mit uns fort, bis wir ermüdet sind und ihrem Arme entfallen.

Sie schafft ewig neue Gestalten; was da ist, war noch nie, was war, kommt nicht wieder – alles ist neu und doch immer das Alte.

Wir leben mitten in ihr, und sind ihr doch fremde. Sie spricht unaufhörlich mit uns, und verrät uns ihr Geheimnis nicht. Wir wirken beständig auf sie, und haben doch keine Gewalt über sie.

Sie scheint alles auf Individualität angelegt zu haben, und macht sich nichts aus den Individuen. Sie baut immer und zerstört immer, und ihr Werkstätte ist unzugänglich.

[...]«

Dieser Textauszug ist in dem Taschenbuch „GOETHE ERZÄHLT SEIN LEBEN. *Nach Selbstzeugnissen Goethes und Aufzeichnungen seiner Zeitgenossen zusammengestellt von Hans Egon Gerlach und Otto Herrmann*" (Fischer Bücherei. 76.-100. Tausend: März 1961) enthalten.
Diese Ausgabe wurde von meinem Deutschlehrer Wilfried KLUTE im Gymnasium Ernestinum in Rinteln an der Weser zum Unterricht über Goethe und seine Werke eingesetzt und von mir mit einigen Bleistiftanmerkungen versehen – d.h. der Text wurde in der Oberstufe in einer Klasse des mathematisch-naturwissenschaftlichen Zweiges auch behandelt.

Angemerkt ist in der genannten Ausgabe: *„Aus dem in den ersten zehn Weimarer Jahren anonym erschienenen Fragment »Die Natur«"*.

In dem von Wolf von Engelhardt und Manfred Wenzel herausgegebenen Band 25 der sämtlichen Werke (I. Abteilung, Deutscher Klassiker Verlag 1989) ist über diesen Text – zu Beginn des Bandes als *Fragment* bezeichnet – u.a. zu lesen:

„<DIE NATUR>

Textgrundlage und Überlieferung

Die Handschrift, verfaßt von Goethes Schreiber Seidel und mit Korrekturen Goethes, diente als Manuskriptvorlage für das nur in elf Exemplaren handschriftlich vervielfältigte >Tiefurter Journal<, in dessen 32. Stück, Ende 1782 oder Anfang 1783, der vorliegende Text erstmalig erschienen.“

Weiter ist zu erfahren, dass dieser Text jedoch nicht von Goethe stammt, sondern von Georg Christoph Tobler (1757-1812; Schweizer Pfarrer), einem Schwager Lavaters, den Goethe auf seiner zweiten Schweiz-Reise 1779 kennengelernt hatte. Goethes Freund Knebel hatte Goethe als Verfasser des anonym erschienen Textes gehalten.

Der Autorschaft Toblers ist durch zwei Briefe – von Goethe an Karl Ludwig Knebel vom 3.3.1783 (ohne Nennung des Namens) und von Charlotte von Stein an Knebel vom 28.3.1783 belegt: „Goethe ist nicht der Verfasser wie Sie es glauben von dem tausendfältigen Ansichtenbilde der Natur; es ist von Tobler.“ – Inhaltlich entspricht es jedoch den Ansichten von Goethe, wie er selbst in einer *Erläuterung zu dem aphoristischen Aufsatz >Die Natur<* geäußert hat.

Gemessen am Umfang von Goethes naturwissenschaftlichen Schriften habe dieses *Natur*-Fragment in der Literatur starke Beachtung gefunden – stellen die Herausgeber fest.

Goethe berichtet in der „Geschichte der botanischen Studien“ ausführlich über seine Gedanken und Arbeiten und berichtet am Schluss auch über den französischen Philosophen Jean-Jacques Rousseau, dem deshalb ein zweiter Band in diesem Verlag gewidmet sein wird.
Der Text Goethes im Zusammenhang mit seinen Abhandlungen „Über die Metamorphose der Pflanzen“ steht im Mittelpunkt des Buches. Er wird durch umfangreiche Erläuterungen mit zahlreichen Abbildungen ergänzt.

Den Abschluss des Buches über *Goethe als Botaniker* werden Auszüge dem Aufsatz des Botanikers und Mikrobiologen Ferdinand COHN bilden, der darüber in „DIE PFLANZE. Vorträge aus dem Gebiete der Botanik“ (1882) berichtete. Seine Ausführungen ergänzen die Darstellungen Goethes und beinhalten auch die Sicht eines Fachbotanikers zu Goethes eigenen Darstellungen.

Der Autor dieses Buches, der als Chemiker auch Botanik im Nebenfach an der damaligen TU Braunschweig studierte, hat sich bereits zum Goethe-Jahr 1999, zu dessen 250. Geburtstag, mit Goethe als Naturwissenschaftler beschäftigt. Die Publikationen sind im Anhang zusammengestellt.

Goethes Geschichte seiner botanischen Studien

Die Geschichte seiner botanischen Studien ist den Heften *Zur Morphologie der Pflanzen* (bereits 1789/90 entstanden) von 1817 vorangestellt. Sie wird im Folgenden zitiert und erläutert.

GOETHE:
„Sogleich bei meinem Eintritt in den edlen weimarischen Lebenskreis, ward mir der unschätzbare Gewinn zuteil Stuben- und Stadtluft mit Land-Wald- und Garten-Atmosphäre zu vertauschen. Schon der erste Winter gewährte die raschen Freuden der Jagd, von welchen ausruhend man die langen Abende nicht nur mit allerlei merkwürdigen Abenteuern der Wildbahn, sondern auch mit Unterhaltung über die nötige Holzkultur zubrachte. Denn die weimarischen Jägerei bestand aus trefflichen Forstmännern, unter welchen der Name *Sckell* in Segen bleib, junge Edelleute, wovon ich den zu früh verstorbenen *Wedel* bedauernd nenne, folgten der selben Spur. Eine Revision sämtlicher Waldreviere, gegründet auf Vermessung, war schon vollbracht, und für lange Zeit eine Einteilung der jährlichen Schläge vorgesehn.“

Weimar – fürstliche Residenzstadt und Umgebung (Merian-Kupferstich 1650)

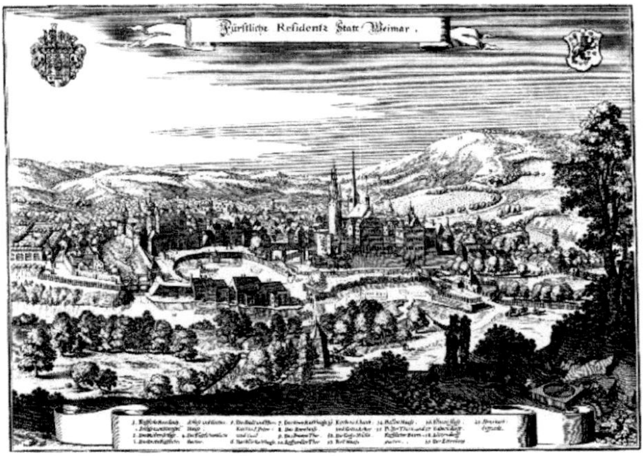

Goethe kam zusammen mit dem jungen Herzog Carl August, der die Jagd besonders liebte, am 7. November 1775 in Weimar an.

Goethe 1775 –
gemalt von G. M. Kraus (1737-1806)

Herzog Carl August (1757-1828)
Gemalt von Johann Ernst Heinsius (1731-1794) um 1780

Johann Georg Christian SCKELL (1721-1778) stammte aus einer berühmten Gärtnerfamilie, aus der sowohl Vor- als auch Nachfahren in Diensten der Herzogtums Sachsen-Weimar-Eisenach standen.

J. G. Ch. Sckell, geboren in Eisenach, war Oberförster und Wildmeister in Troistedt (zwischen Weimar und Bad Berka im Westen des Landkreises Weimarer Land), das bis 1920 zum Herzogtum gehörte. Sein Sohn Johann Ludwig Gottlieb Sckell (1740-1808) wurde ebenfalls Oberförster und Wildmeister in Troistedt.

Er war der Sohn des in Marksuhl geborenen **Johann Valentin Sckell** (1694-1769), der als Stammvater der Gärtner- und Malerfamilie Sckell gilt.

Der jüngere Sohn Johann Georg Sckell (1725-1800) war Landschaftsgärtner, Hofgärtner in Eisenach, der die landschaftliche Umgestaltung des Schlossparks von Wilhelmsthal durchführte. Dessen Sohn Johann Conrad Sckell (1768-1834) wurde Hofgärtner im Belvedere bei Weimar.

Über Johann Georg Christian SCKELL ist bekannt, dass er für die Forsteinrichtung im Herzogtum Kartenmaterial lieferte, für welches er zusammen mit anderen Wildmeistern Vermessungen durchgeführt hatte.
Im September 1777 sollen Goethe und Herzog Carl August auch zu Gast in Marksuhl bei Johann Ludwig Gottlieb Sckell gewesen sein, bevor dieser 1778 Oberförster und 1802 Wildmeister in Troistedt wurde.

Otto Joachim Moritz von WEDEL (1752-1794) war Kammerherr und sachsen-weimarischer Oberforstmeister. Er galt als „schön", als stattlicher und rechtschaffener Beamter, der durch seinen Witz auch den Kreis um den Herzog und Goethe für sich einzunehmen verstand. Noch unter der Regentschaft der Herzogin Anna Amalia wurde e Jagdjunker, 1776 unter Carl August Kammerherr, später Oberforstmeister und 1789 Mitglied des Geheimen Kammerkollegiums. Er wohnte mit seiner Familie im Haus der Charlotte von Stein.

Haus der Charlotte von Stein, Ackerwand 25-27 – Aquarell von Adolf Noether (1855-1943)

GOETHE:

„Auch das Land fing in ökonomischer Hinsicht an sich zu regen, man strebte nach Kultur der Futterkräuter, die Trift war mit einiger Einschränkung bedroht; unter Gutsherrn, Verwaltern und Pächtern fanden sich erfahrne und nachdenkende Männer; alles Wollen und Bestreben war frisch, neu, und hoffnungsreich."

Mit einer *Kultur der Futterkräuter* könnte die Nutzung eines kräuterreichen Grünlandes gemeint sein, womit u.a. Löwenzahn, Hahnenfuß, Wiesenkümmel, Wilde Möhre, Wegerich u.a. nicht als *Unkraut* sondern als *Futterkraut* nicht nur geduldet sondern sogar erwünscht sind.
Mit *Trift* ist in diesem Zusammenhang die *Viehtrift* gemeint, im engeren Sinn der Triebweg, Weg des Viehs zu den Weideplätzen und Tränken. Im allgemeinen Sinn kann auch das Triftrecht bzw. der Weidegang, das Führen von Vieh auf Brachfelder oder in die Allmende zur Weide zu treiben, verstanden werden – womit Goethe ökonomische Fragen angesprochen hat.
Als *Trift* wurde auf einem Schild in Eldagsen bei Hannover die „Trift: Weg zwischen Äckern, auf dem das Vieh zur Weide getrieben wird" sogar definiert (fotografiert 2015 von Bernd Schwabe in Hannover).

GOETHE:

„Die Stadt Weimar selbst besaß einen Mann, der, in mehr als einer Hinsicht, Hochachtung verdiente. Doktor *Buchholz*, Besitzer der einzigen Apotheke, wohlhabend und lebelustig, richtete, mit ruhmwürdiger Lernbegierde, seine Tätigkeit auf Naturwissenschaften, er suchte die tüchtigsten Gehülfen; wie denn der treffliche *Göttling*, aus dieser Offizin, als gebildeter Scheidekünstler, hervorging. Jede neue, vom Aus- oder Inland entdeckte chemisch-physische Merkwürdigkeit ward unter des Prinzipals Augen nachahmend hervorgebracht, und Freunden der Naturwissenschaften auf das liberalste mitgeteilt. Eben so verhielt er sich zur Pflanzenkunde, indem er, von dem beschränkten Kreis offizineller Gewächse ausgehend, sich über das ganze wissenschaftliche Reich zu verbreiten suchte, auch in seinen Gärten bedeutende, zu jener Zeit seltene Pflanzen anzubauen unternahm."

Wilhelm Heinrich Sebastian BUCHOLZ (auch Buchholz) (Bernburg 1734-1798 Weimar) war Amtsarzt, Apotheker, Chemiker, Botaniker und vor allem auch Berater Goethes.

Frontispiz in der Allgemeinen Deutschen Bibliothek 1791

Motive einer Postkarte vom Weimarer Markt mit der Hofapotheke links

Bucholz besuchte die Stadtschule in Bernburg, und absolvierte ab 1748 eine Lehre zum Apothekengehilfen in Magdeburg. Nach Abschluss und einer Wanderschaft erhielt er 1754 eine Anstellung an der Hofapotheke in Wei-mar. Durch die Unterstützung durch den Hofapotheker und Arzt Christian Jacobi konnte er ab 1761 Medizin in Jena studieren, wo er 1763 promo-vierte. Ab 1173 leitete er die Hofapotheke. 1777 erhielt er die Venia practicandi und wurde von der Herzogin Anna Amalia zum Physikatsarzt der Ämter Weimar und Berka sowie zum Hof-Medikus von Sachsen-Weimar-Eisenach, 1782 auch zum Herzoglich-Weimarischen-Bergrat ernannt.

Bis 1801 war die Hofapotheke die einzige Apotheke in Weimar. Das Haus an der Nordseite des Marktplatzes Jacob Schröter (1529-1612; Tuch-, Woll- und Waidhändler) erbaut. Das Privileg erhielt die Apotheke 1567. Am 9. Februar 1945 wurde das Haus bei einem Luftangriff zerstört und später wieder aufgebaut. 2022 wurde sie, da sich kein Nachfolger fand, geschlossen. 1785 publizierte Bucholz u.a. über die antiseptische Wirkung der *Arnika* und auch die Wirkungen der *Belladonna*-Wurzel.

Arnika (*Amica montana*), auch Bergwohlverleih – aus: Köhler's Medizinalpfl. 1887

Atropa belladonna: Schwarze Tollkirsche – aus: Johann Simon Kerner (1755-1830), Abb. aller ökonom. Pfl. 1786-1788

Johann Friedrich August GÖTTLING (1753-1809) erhielt die erste Professur für Chemie an der Universität Jena 1789.

GOETHE:

„Dieses Mannes [Bucholz] Tätigkeit lenkte der junge, schon früh Wissenschaften sich hingebende, *Fürst*, allgemeinerem Gebrauch und Belehrung zu, indem er große, sonnige Gartenflächen, in der Nachbarschaft von schattigen und feuchten Flächen, einer botanischen Anstalt widmete, wozu denn ältere, wohlerfahrne Hofgärtner mit Eifer sogleich die Hand boten. Die noch vorhandenen Katalogen dieser Anstalt zeugen von dem Eifer womit dergleichen Anfänge betrieben wurden."

Zum Stichwort *Hofgärtner* nennt Goethe hier zwar keinen Namen, jedoch soll hier zunächst Carl Heinrich GENTZSCH (um 1735-1805) genannt werden, der über ein großes botanisches Wissen verfügt haben soll. Gentzsch trat 1769 in Weimarische Dienste und wurde 1781 Hofgärtner in Weimar. Er hatte einen großen Anteil bei der Anlage des *Ilmparks* und war auch an der Gestaltung des Parks am Schloss Tiefurt beteiligt.
Als weitere Hofgärtner dieser Zeit sind Johann Friedrich REICHERT (1738-1797) und Johann Gottlieb BLEIDORN (1749-1792) unter der Obersicht von Friedrich Justin Bertuch (1747-1822, Handelsunternehmer und Verleger) in seiner Funktion als Geheimer Sekretär des Herzogs ab 1775 zur Betreuung des Privatvermögens (*Schatull*-Vermögen) des Herzogs.
REICHERT stammte aus Leipzig und war von 1777 bis 1796 Hofgärtner und Nachfolger von Johann Ernst Gentzsch (gest. 1780), Hofgärtner in Belvedere. Dieser wiederum folgte seinem Bruder Johann David Gentzsch (gest. 1739; ab 1730 Hofgärtner auf Belvedere), der als einer der ersten Hofgärtner sich um die Pflege von Citruspflanzen zuständig war. Aus der Gentzsch-Familie ist auch noch der Sohn von Carl Heinrich Gentzsch – Johann Christoph Carl Gentzsch (gest. 1811) – zu nennen, der ab 1787 Gärtner, ab 1790 Gartenbauschreiber und ab 1805 als Gartenkondukteur die Arbeiten im Welschen Garten übernahm, der später dem Ilm-Park angegliedert wurde.

BLEIDORN stammte aus Langenschwarz im Kreis Hünfeld in Hesen und war von 1774 bis 1783 Pächter des sog. Welschen Garten. 1776 wurde er zum Hofgärtner ernannt. Er war u.a. für die Instandhaltung der Alleen zuständig. Nach einer Instruktion des Herzogs von 1788 war er auch für die Bewirtschaftung der im westlichen Teil des Ilm-Parks gelegenen Parkgärtnerei einschließlich der Gewächshäuser und für die Einrichtung einer Baumschule zuständig. Er war dem Hofgärtner Carl Heinrich Gentz unterstellt.

Kunstdruck 1840 – Im Ilm-Park zu Weimar

„Park im Schloß von Belvedere bei Weimar“ Kunstdruck nach dem Gemälde von Curt Herrmann (1854-1929; Maler des Impressionismus) 1909

Die von GOETHE angesprochene *botanische Anstalt* ist von ihm in einem

Schema zu einem Aufsatze die Pflanzenkultur im Grossherzogtum Weimar darzustellen. [April 1822] – Diese Schrift wird im folgenden Kapitel zitiert und erläutert.

GOETHE:

„Unter solchen Umständen war ich auch benötigt, über botanisches Wissen immer mehr und mehr Aufklärung zu suchen. *Linnés Terminologie*, die *Fundamenta* worauf das Kunstgebäude sich erheben sollte, *Johann Geßners* Dissertationen zur Erklärung Linnéische *Elemente*, alles in Einem schmächtigen Hefte vereinigt, begleiteten mich auf Wegen und Stegen, und noch heute erinnert mich eben dasselbe Heft an die frischen und glücklichen Tage, in welchen jene gehaltreichen Blätter mir zuerst eine neue Welt aufschlossen. Linnés *Philosophie der Botanik* war mein tägliches Studium, und so rückte ich immer weiter vor in Kenntnis und Umsicht, indem ich mir das Überlieferte möglichst anzueignen suchte."

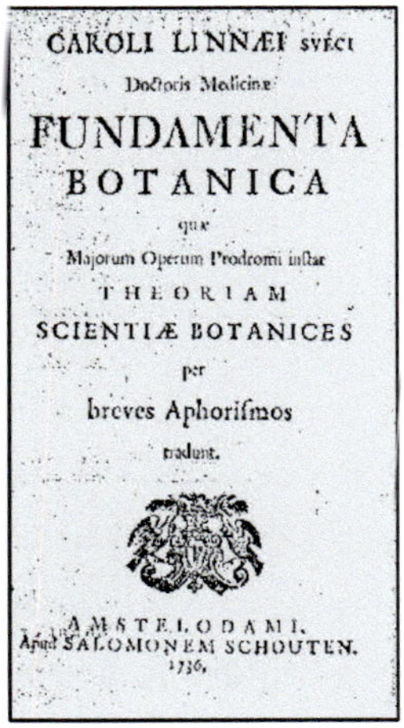

CAROLI LINNÆI SVECI
Doctoris Medicinæ
FUNDAMENTA
BOTANICA
quæ
Majorum Operum Prodromi instar
THEORIAM
SCIENTIÆ BOTANICES
per
breves Aphorismos
tradunt.
AMSTELODAMI,
Apud SALOMONEM SCHOUTEN.
1736.

Carl von Linné (Gemälde von Albert Roslin) 1775 und Titelseite seines Werkes FUNDAMENTA BOTANICA 1736

Carl von LINNÈ (1707-1778) war ein schwedischer Naturforscher. Er schuf mit seiner binären Nomenklatur die Grundlage für eine moderne wissenschaftliche Botanik. Jede Pflanze erhält einen lateinischen Namen aus zwei Teilen: Der erste Teil bezeichnet die Gattung, der zweite die Art. Damit konnte die verwirrende Namensgebung, wie sie in Deutschland regional vorhanden war, überwunden werden.

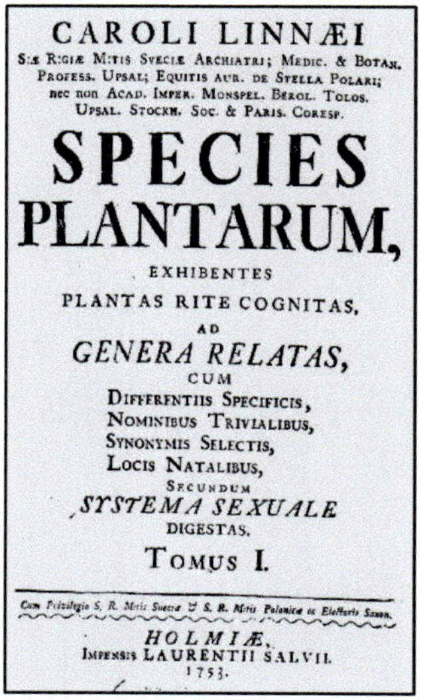

CAROLI LINNÆI

S:Æ R:GIÆ M:TIS SVECIÆ ARCHIATRI; MEDIC. & BOTAN. PROFESS. UPSAL; EQUITIS AUR. DE STELLA POLARI; nec non ACAD. IMPER. MONSPEL. BEROL. TOLOS. UPSAL. STOCKH. SOC. & PARIS. CORESP.

SPECIES PLANTARUM,

EXHIBENTES PLANTAS RITE COGNITAS, AD GENERA RELATAS, CUM DIFFERENTIIS SPECIFICIS, NOMINIBUS TRIVIALIBUS, SYNONYMIS SELECTIS, LOCIS NATALIBUS, SECUNDUM *SYSTEMA SEXUALE* DIGESTAS.

TOMUS I.

Cum Privilegio S. R. Mtis Sueciæ & S. R. Mtis Poloniæ ac Electoris Saxon.

HOLMIÆ, IMPENSIS LAURENTII SALVII. 1753.

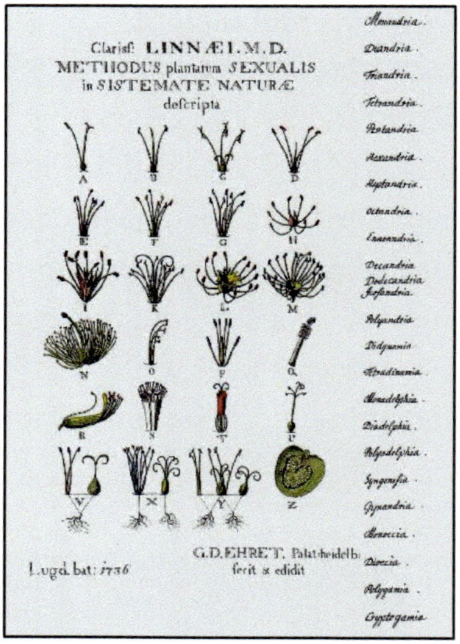

In SPECIES PLANTARUM verwendete LINNÈ erstmals zweiteilige Namen für Pflanzenarten. Das Klassifizierungssystem stellte Georg Dionysius EHRET (1708-1770; Botaniker und Pflanzenmaler) in einer Zeichnung dar – hier nach der Zahl der Staubgefäße.

Ende 1741 wurde Linné Professor an der Universität Uppsala. Er unternahm Reisen durch Lappland, hielt sich drei Jahre zu Studien in Holland auf, bereits auch Frankreich und England. Nach einer Reise durch Öland und Gottland erhielt er aufgrund der bereits erschienenen Veröffentlichungen – u.a. *Systema Naturae* (1735), *Fundamenta Botanica* (1735), *Flora Lapponica* (1737), *Genera Plantarum* (1738) die o.g. Professur. Die von GOETHE

genannte *Philosophica Botanica* erschien 1751 in Stockholm – vor dem mit Titelseite abgebildeten Werk *Species Plantarum* (1753).
Im Kommentar zur Goethe-Ausgabe im Klassiker Verlag sind als Linnéische Werke genannt: *Termini botanii explicati*, Leipzig 1767 und *Fundamenta botanica*, hg. Von Johannes Geßner, Halle 1747.

Porträt von Johann Rudolf Dälliker um 1749

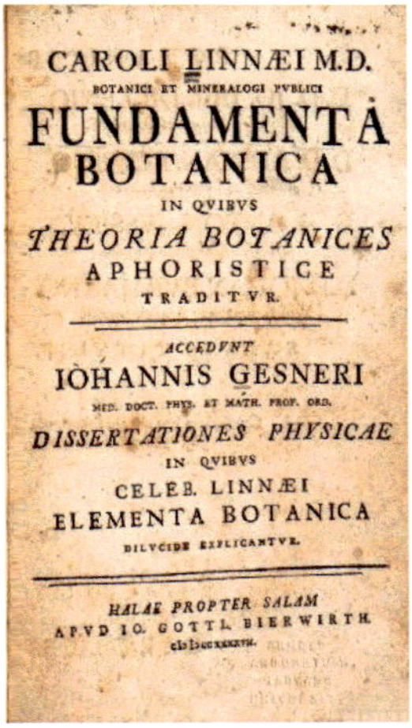

CAROLI LINNÆI M.D.
BOTANICI ET MINERALOGI PVBLICI
FUNDAMENTA
BOTANICA
IN QVIBVS
THEORIA BOTANICES
APHORISTICE
TRADITVR.
ACCEDVNT
IOHANNIS GESNERI
MED. DOCT. PHYS. ET MATH. PROF. ORD.
DISSERTATIONES PHYSICAE
IN QVIBVS
CELEB. LINNÆI
ELEMENTA BOTANICA
DILVCIDE EXPLICANTVR.
HALAE PROPTER SALAM
APVD IO. GOTTL. BIERWIRTH.
clɔ Iɔcc XXXXVII.

Johannes GESSNER (1709-1790) war ein Schweizer Naturforscher. Er studierte Medizin in Basel und Leiden, begegnete dort Albrecht von Haller, mit dem er zu weiteren Studien nach Paris ging. Dort gehörte Antoine de Jussieu (s. weiter unten) zu seinen Lehrern. 1733 wurde Gessner Professor für Mathematik am Collegium Carolinum in Zürich.

LINNÈS SYSTEM

In einem antiquarisch erworbenen *Tasschenbuch für Pflanzensammler* von Emil Fischer, 10. Auflage, Leipzig 1897, ist Linnés System mit Bildtafeln erläutert. Das Besondere an diesem Exemplar besteht darin, dass der letzte Besitzer als *Pflanzensammler* im *Fund-Notizbuch* im April des Jahre 1947 ausschließlich *Fundorte*lnn und um WEIMAR genannt hat – so Weimar-

Paradies, Webicht, das *Römische Haus* im Ilmpark, *Belvedere* und die *Belvederer Allee*.

Weimar-*Paradies* ist heute ein „Biotop und Schutzgebiet". Auf einer Fläche von etwa 16,5 ha erstreckt es sich zwischen Weimar-West, der Gabendorfer Straße und der Bahntrasse Erfurt-Leipzig/Halle. Es handelt sich um ein ehemaliges Feuchtgebiet, ein Teil des Biotopverbundes der Asbachaue und stelt ein großes Naherholungsgebiet mit einem parkarigen Baumbestand und Grünland dar.

Als *Webicht* wird eine Waldlandschaft im Stadtgebiet von Weimar bezeichnet. Sie erstreckt sich nordöstlich der Stadt zwischen dem Ortsteil *Tiefurt,* der Bahnstrecke Halle-Bebra in der Nähe der *Webichtallee* bis zur *Jenaestraße* am *Lindenberg*. Sie weist vor allem Laubbäume wie Esche, Ahorn und Ulme und als Pflanzen u.a. den Gefleckten Ahornstab, Hohlen Lerchensporn und Wolfs-Eisenhut auf. Das Webicht war ein beliebtes Jagdgebiet und in der zweiten Hälfte des 19. Jahrhunderts auch ein beliebter Studienort der *Weimarer Malerschule* zur Zeit von Großherzog Carl Alexander von Sachsen-Weimar (1818-1901).

Sowohl die Farbtafeln zum Linnéischen System mit Erläuterungen als auch eine Seite aus dem *Fund-Notizbuch* sollen daher an dieser Stelle wiedergegeben werden.

TAFEL I.

I. Klasse: 1 freies Staubgefäss. 1) **Hippuris vulgaris**, gemeiner Tannenwedel. I,1. 1 a) Blüte vergrössert.

II. Klasse: 2 freie Staubgefässe. 2) **Salvia pratensia**, Wiesen-Salbei. II,1. 2 a) Blütenlängsschnitt vergrössert, 2 b) Verkömmertes Staubgefäss.

III. Klasse: 3 freie Staubgefässe. 3) **Triticium repens,** Quecke. III,2. 3 a) Blüte vergrössert.

IV. Klasse: 4 freie Staubgefässe. 4) **Trapa natans**, gemeine Wassernuss. IV,1. 4 a) Blütenlängsschnitt vergrössert.

V. Klasse: 5 freie Staubgefässe. V,1. 6 a) Blütenlängsschnitt. 5 II) **Daucus carota**, wilde Möhre. V,2. 5 a) Blüte vergrössert.
VI. Klasse: 6 freie Staubgefässe. 6) **Galanthus nivalis**, gemeines Schneeglöckchen. VI. 1. 6 a) Blütenlängsschnitt vergrössert. 6 b) Staubgefäss vergrössert.
VII. Klasse: 7 freie Staubgefässe. 7) **Trientalis europaea,** europäischer Siebenstern. VII. 1.

TAFEL II.

VIII. Klasse: 8 freie Staubgefässe. 8) **Paris quadrifolia,** vierblättrige Einbeere. VIII. 4. 8a) Staubgefäss vergrößert.

IX. Klasse: 9 freie Staubgefässe. 9) **Butomus umbellatus**, doldenblütige Schwanenblume. IX, 3.

X. Klasse: 10 freie Staubgefässe. 10) **Gerastium arvense**, Acker-Hornkraut. X, 5. 10a) Blüteninneres vergrössert.

XI. Klasse: 12-18 frei Staubgefässe. 11) **Agromonia eupatoria**, gemeiner Odermennig. XI, 2. 11a) Blütenlängsschnitt vergrössert. 11b) Staubgefäss vergrössert.

XII. Klasse: 20 und mehr dem Kelche eingefügte, freie Staubgefässe. 12) **Prunus cerasus**, Sauerkirsche. XII,1. 12a) Blütenlängsschnitt vergrössert.
XIII. Klasse: 20 und mehr dem Fruchtboden eingefügte frei Staubgefässe. 13) **Clematis vitalba**, Sauerkirsche. XII,1. 12a) Blütenlängsschnitt vergrössert.
XIV. Klasse: 2 längere und zwei kürzere, freie Staubgefässe. 14) **Lamium album**, weisse Taubnessel. XIV,1. 14a) Blütenlängsschnitt vergrössert, 14b) Staubgefäss vergrössert.
XV. Klasse: 4 längere und 2 kürzere, freie Staubgefässe. 15) **Raphanus raphanistrum**, Acker-Rettich. XV,2. 15a) Bluteninneres vergrössert.
XVI. Klasse. Staubfäden sind in ein Bündel verwachsen. 16) **Eodium cicutarium**, schierlingsblättriger Reiherschnabel. XVI, 3. 16a) Blüte ohne Blumenkronblätter vergrössert.

Taf. III.
XVII. Klasse: Staubfäden sind in 2 Bündel verwachsen. 15) **Vicia Sepium**, Zaun-Wicke. XVII, 3. 17a) Blütenlängsschnitt vergrössert.
XVIII. Klasse: Staubfäden sind in 3 oder mehr Bündel verwachsen. 18) **Hypericum perforatum**, gemeines Hartheu. XVIII,1.
XIX. Klasse: Staubbeutel sind in einer Röhre verwachsen. 19) **Matricaria chamomilla**, echte Kamille. XIX,2. 19a) Scheibenblüte vergrössert. 19b) Blüteninneres vergrössert.
XX. Klasse: Staubbeutel mit dem Stempel verwachsen. 20) **Orchis militaris**, helmföriges Knabenkraut. XX,1. 20a) Blütenlängsschnit vergrössert. 20b) Blumenstaubmasse vergrössert.
XXI. Klasse: Männliche und weibliche Blüten auf derselben Pflanze. 21) **Corylus avellana**, gemeine Haselnuss. XXI, 5-10. 21a) Männliche Blüte vergrössert. 21b9 Staubgefäss vergrössert. 21c) Weibliche Blüten vergrößert.
XXII. Klasse: Männliche und weibliche Blüten auf verschiedenen Pflanzen. 22) **Humulus lupulus**, gemeiner Hopfen. XXII, 5. 22 I) Männliche Blüten. 22 II) Weibliche Blüten. 22a) Männliche Blüte vergrössert. 22b) Weibliche Blüte vergrössert. 22c) Fruchtknoten mit Narbe.
XXIII. Klasse: Eingeschlechtige und Zwitter-Blüten auf derselben Pflanze oder auf verschiedenen Pflanzen. 23) **Acer campestre**, Feld-Ahorn. XXIII,1 jetzt: VIII,1. 23 I) Männliche Blüte. 23II) Zwitterblüte. 23a) Längsschnitt einer Zwitterblüte vergrößert.
XXIV. Klasse: Die eigentlichen Blüten fehlen. 24) **Aspidium filix mas**, männlicher Wurmfarn. XXIV, 1. 24a) Fruchthäufchen vergrößert. 24b) Sporangium oder Sporensack vergrössert.

System von Linné. Taf. III.

Leipzig, Oskar Leiner.

Klasse XVII — XXIV.

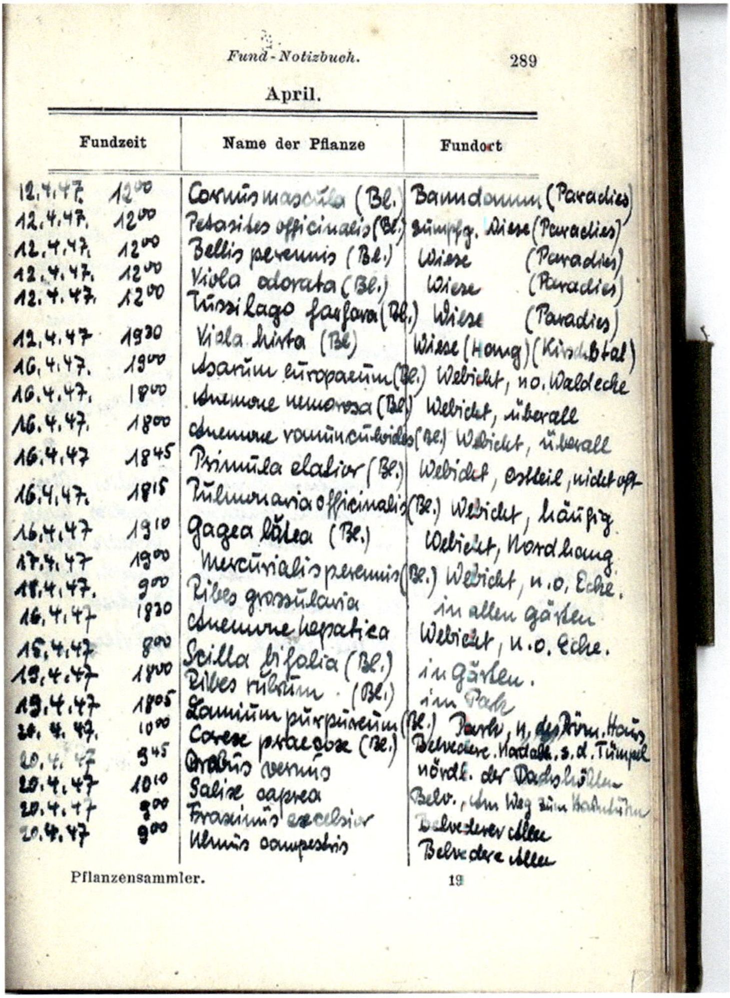

Fund-Notizbuch. 289

April.

Fundzeit		Name der Pflanze	Fundort
12.4.47.	12^{00}	Cornus mascula (Bl.)	Baumdamm (Paradies)
12.4.47.	12^{00}	Petasites officinalis (Bl.)	sumpfg. Wiese (Paradies)
12.4.47.	12^{00}	Bellis perennis (Bl.)	Wiese (Paradies)
12.4.47.	12^{00}	Viola odorata (Bl.)	Wiese (Paradies)
12.4.47.	12^{00}	Tussilago farfara (Bl.)	Wiese (Paradies)
12.4.47	19^{30}	Viola hirta (Bl.)	Wiese (Hang) (Kirschbtal)
16.4.47.	19^{00}	Asarum europaeum (Bl.)	Webicht, n.o. Waldecke
16.4.47.	18^{00}	Anemone nemorosa (Bl.)	Webicht, überall
16.4.47.	18^{00}	Anemone ranunculoides (Bl.)	Webicht, überall
16.4.47	18^{45}	Primula elatior (Bl.)	Webicht, Ostteil, nicht oft
16.4.47.	18^{15}	Pulmonaria officinalis (Bl.)	Webicht, häufig.
16.4.47	19^{10}	Gagea lutea (Bl.)	Webicht, Nordhang.
17.4.47	19^{00}	Mercurialis perennis (Bl.)	Webicht, n.o. Ecke.
18.4.47.	9^{00}	Ribes grossularia	in allen Gärten
16.4.47	18^{30}	Anemone hepatica	Webicht, n.o. Ecke.
18.4.47	8^{00}	Scilla bifolia (Bl.)	in Gärten.
19.4.47	18^{00}	Ribes rubrum (Bl.)	im Park
19.4.47	18^{05}	Lamium purpureum (Bl.)	Park, n. des Röm. Haus
20.4.47.	10^{00}	Carex praecox (Bl.)	Belvedere. Nordallee. s.d. Tümpel
20.4.47	9^{45}	Crocus vernus	nördl. der Dachshöhlen
20.4.47	10^{10}	Salix caprea	Belv., Am Weg zum [illegible]
20.4.47	9^{00}	Fraxinus excelsior	Belvederer Allee
20.4.47	9^{00}	Ulmus campestris	Belvedere Allee

Pflanzensammler. 19

Die Notizen des vorletzten Besitzers vom „Taschenbuch für Pflanzensammler“ zu seinen Pflanzenfunden (bzw. Beobachtungen) im April 1947 in der Umgebung von Weimar (Original im Besitz des Autors G.S.)

GOETHE:

„Wie es mir dabei ergangen, und wie ein so fremdartiger Unterricht auf mich gewirkt, kann vielleicht im Verlauf dieser Mitteilungen deutlich werden, vorläufig aber will ich bekennen, daß nach *Shakespeare* und *Spinoza* auf mich die größte Wirkung von *Linné* ausgegangen und zwar gerade durch den Widerstreit zu welchem er mich aufforderte. Denn indem ich sein scharfes, geistreiches Absondern, seine treffenden, zweckmäßigen, oft aber willkürlichen Gesetze in mich aufzunehmen versuchte, ging in meinem Innern ein Zwiespalt vor: das was er mit Gewalt auseinander zu halten suchte, mußte, nach dem innersten Bedürfnis meines Wesens, zur Vereinigung anstreben.

Besondern Vorteil brachte mir jedoch die Nähe der Akademie Jena, wo die Wartung offizineller Pflanzen seit geraumer Zeit mit Ernst und Fleiß behandelt wurde. Die Professoren *Prätorius, Schlegel und Rolfink,* erwarben durch Einrichtung botanischer Anstalten sich um die Wissenschaft großes Verdienst, *Rupps Flora Jenensis* erschien 1718, und nicht allein am Orte selbst, sondern auch in der Gegend verbreitete sich das frohe Naturstudium."

In der Geschichte der Botanik in Jena erfahren wir - in: „Album des pädagogischen Seminars ab der Universität Jena" Hrsg. Carl Volkmar Stoy. „II. Geschichte der Botanik in Jena", Leipzig 1859. (Prorectoratsrede von M. J. Schleiden):

Die Anlage eines botanischen Gartens verdanken wir nicht, wie gewöhnlich angegeben wird, dem Professor Rolfink, *sondern dem Theologen* Johann Gerhard. *Dieser wußte die Väter der Akademie in eifrigen von ihm geführten Berathungen für seine Pläne zu gewinnen. (...) Nachdem Alles vorbereitet, einigte man sich über den von* Hieronymus Prätorius, *dem Professor der Ethik, vorgeschlagenen Platz, den jetzigen Anatomiegarten, und legte im Jahre 1629 hier einen botanischen Garten an, dessen Mangel, von*

Rolfink *schmerzlich empfunden, die gemeinnützige Thätigkeit* Johann Gerhard's *hervorgerufen hatte. Im Jahre 1631 wurde der nunmehr bepflanzte Garten eingeweiht und dem Professor der Anatomie und Chirurgie* Werner Rolfink *als erstem Director des Gartens und erstem nominellen Professor Botanices übergeben.“*

Johann Gerhard

Hieronymus Prätorius

Werner Rolfink

Johann GERHARD (1582-1637) war lutherischer Theologe und ab 1616 Professor an der Universität Jena – dort war er mehrmals Dekan der theologischen Fakultät und auch Rektor der Universität.
Hieronymus PRÄTORIUS (auch H. Schultze; 1595-1651) war nicht nur lutherischer Geistlicher sondern auch Physiker und ab 1626 Professor für Ethik
Werner ROLFINK (1599-1673) war Arzt, Anatom, Naturforscher und Botaniker. Er wirkte ab 1629 als Professor für Chirurgie, Anatomie und Botanik an der Universität Jena. 1638 übernahm er auch das *Exercitium Chymicum.* 1641 wurde er auch zum Professor für Iatrochemie ernannt.
Mit *Rupps Flora Jenensis* ist das Werk des Botanikers Heinrich Bernhard RUPP 1688-1719) gemeint. Rupp hatte ab 1704 in Gießen Medizin, 1711 in Jena, 1712 in Leiden und 1713 erneut in Jena studiert. In seiner *Flora Jenensis* beschriebe die Flora von großen Teilen Thüringens und auch des Harzvorlandes. Verbotenerweise soll er in Jena auch Vorlesungen in Botanik gehalten haben, die besser gewesen sein sollen als des amtierenden

Professors Johann Adrian Slevogt (1653-1726; ab 1695 Professor für Medizin, Anatomie und Botanik). Als dieser versucht haben soll, das Manuskript der Flora an sich zu bringen, um eine Veröffentlichung zu verhindern, verkaufte Rupp es an seinen Kommilitonen Johann Heinrich SCHÜTTE (1694-1774; Mediziner, nach 1719 Stadtphysikus und Garnisonsarzt an verschiedenen Orten), der das Manuskript unter Zufügung deutscher Namen 1718 drucken ließ.

Porträt SCHÜTTE – Kupferstich

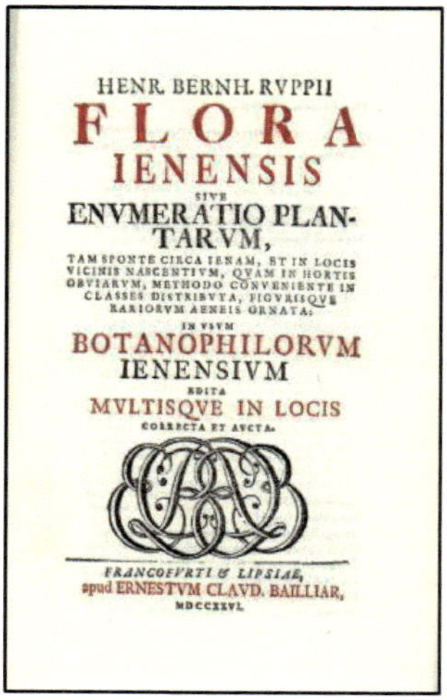

HENR. BERNH. RVPPII
FLORA
IENENSIS
SIVE
ENVMERATIO PLANTARVM,
TAM SPONTE CIRCA IENAM, ET IN LOCIS VICINIS NASCENTIVM, QVAM IN HORTIS OBVIARVM, METHODO CONVENIENTE IN CLASSES DISTRIBVTA, FIGVRISQVE RARIORVM AENEIS ORNATA:
IN VSVM
BOTANOPHILORVM
IENENSIVM
EDITA
MVLTISQVE IN LOCIS
CORRECTA ET AVCTA.

FRANCOFVRTI & LIPSIAE,
apud ERNESTVM CLAVD. BAILLIAR,
MDCCXXVI.

RUPPs FLORA JENENSIS
(Ausgabe 1726) – Reprints 2008/09

GOETHE:

„In Ziegenhain hatte sich eine Familie *Dietrich* besonders hervor getan; der Stammvater derselben, sogar von Linné bemerkt, hatte von diesem hochverehrten Manne ein eigenhändiges Schreiben aufzuweisen; durch welche Diplom er sich wie billig in den Adelsstand erhoben fühlt. Nach seinem Ableben setzte der Sohn die Geschäfte fort, welche hauptsächlich darin bestanden, daß die sogenannten Lektionen, nämlich Bündel wöchentlich blühender Gewächse, Lehrenden und Lernenden von allen Seiten herangeschafft wurden. Die joviale Wirksamkeit des Mannes verbreitete sich in Weimar, und so ward ich nach und nach mit der jenaischen, reichen Flora bekannt.

Noch einen größere Einfluß aber auf meine Belehrung hatte der Enkel Friedrich Gottlieb *Dietrich*. Als wohlgebauter Jüngling, von regelmäßig angenehmer Gesichtsbildung, schritt er vor, mit frischer Jugendkraft und Lust, sich der Pflanzenwelt zu bemeistern, sein glückliches Gedächtnis hielt alle die seltsamen Benennungen fest, und reichte sie ihm jeden Augenblick zum Gebrauche dar, seine Gegenwart sagte mir zu, da ein offener, freier Charakter aus Wesen und Tun hervorleuchtete, und so ward ich bewogen auf einer Reise nach Karlsbad ihn mit zu führen.

Unterwegs ergriff er, mit Eifer und Spürkraft, alle Kräuter, Blumen und Blüten, die er jedesmal, in den Wagen an Ort und Stelle, vorwies und benannte, wodurch sich mir ein neues Leben in dieser schönen Welt hervortat. Hier drang sich nun dem unmittelbaren Anschauen gewaltig an und auf, wo jede Pflanze ihre Gelegenheit sucht, wie sie eine Lage fordert wo sie in Fülle und Freiheit erscheinen könne.

Bergeshöhe, Talestiefe, Licht, Schatten, Trockenheit, Feuchte, und wie die Bedingungen alle heißen mögen, Geschlechter und Arten verlangen sie um mit völliger Kraft und Menge hervorzusprießen; sie markten wohl mit der Natur, lassen sich zuletzt zur Varietät hinreißen, ohne jedoch das ursprüngliche Recht erworbener Gestalt völlig aufzugeben. Ahndungen hievon berührten mich in der freien Welt, und neue Klarheit schien mir aufzugehen über Gärten und Bücher.

Im vergnüglichen Erinnern mag ich noch gerne gedenken, mit wie frohem Erstaunen wir die Arnica montana, nach erstiegener vogtländischer Bergeshöhe, an sanften, sonnigen Abhängen, feuchter, aber nicht sumpfiger Wiesen, herrschend ja wütend erblickten, und wie angenehm zu gleicher Zeit mannigfaltiger Gentianen uns begegneten.

In Karlsbad selbst war der junge Mann mit Sonnenaufgang im Gebirge, reichliche Lektionen brachte er mir sodann an den Brunnen, ehe ich noch meine Becherzahl geleert hatte, alle Mitgäste nahmen teil, die welche sich dieser schönen Wissenschaft befleißigten besonders; sie sahen ihre Kenntnisse auf das anmutigste angeregt, wenn ein schmucker Landknabe, im kurzen Westchen daher lief, große Bündel von Kräutern und Blumen vorweisend, sie alle mit Namen, griechischen, lateinischen Ursprungs und barbarischer Verketzerung, bezeichnend; ein Phänomen das bei Männern, auch wohl bei Frauen, viele Anteil erregte.

Sein folgender Lebensgang war solchen Anfängen gleich, er blieb unermüdet auf dieser Bahn, so, daß er als Schriftsteller rühmlichst bekannt, mit der Doktorwürde geziert, den Großherzoglichen Gärten in Eisenach bis jetzt mit Eifer und Ehre vorsteht."

Zu der von GOETHE genannten Reise mit dem jungen Dietrich nach Karlsbad siehe auch in:
G. Schwedt:
Natur und Poesie. Ludwig Bechstein über Goethes botanisch-mineralogische Reise nach Karlsbad. Johann Wolfgang Goethe und Karl Ludwig von Knebel. Die beiden Reisend von Jena nach Karlsbad im Jahre 1785. (Verlag Rockstuhl, Bad Langensalza 2016)

Inhalt

Einleitung: Bechstein als Botaniker in: *Natur und Poesie. Berggeschichte aus Carlsbad*

Natur und Poesie

Der Botaniker – Dietrichs Pflanzen aus der Flora Jenas

Reise in das Gebirge – Zur Reiseroute Schleiz-Gfell-Hof. Goethes Geologische Tagebuch der Reise nach dem Fichtelgebirge und nach Böhmen Juni/Juli 1785. Die Luisenburg bei Alexanders-Bad. Exkurs: Zur Geologie des Fichtelgebirges

Bergeshöhe, Thalestiefe – Exkurs: Fürstenbrunnen

Nach den Heilquellen
Das Innere der Natur
Pflanzen und Steine
Die Metamorphose der Pflanzen. Exkurs zum Tabak. Zur Metamorphose der Pflanzen in Goethes Werken.

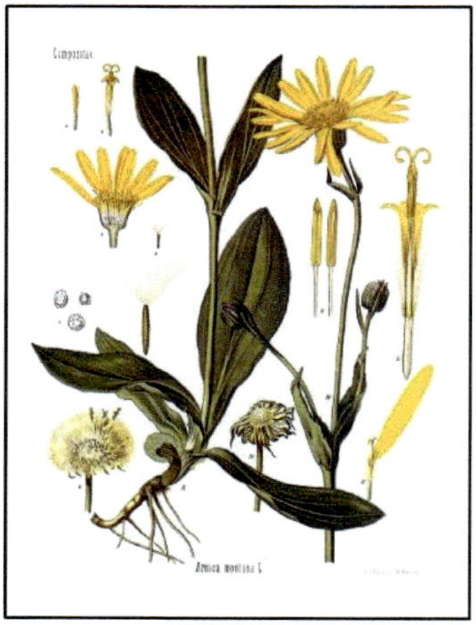

Arnica montana: links aus Lindman, Bilder ur Nordens Flora, rechts aus Sturm, Flora von Deutschland

Tafel Enziane

ZIEGENHAIN, heute ein Stadtteil von Jena, liegt östlich vom Stadtzentrum in einem Seitental der Saale und ist von Bergen umgeben. Die Haupterwerbsquellen des erstmals 1259 erstmals urkundlich erwähnten Ortes waren Landwirtschaft, Weinbau und Bierbrauerei.

Ziegenhain um 1900

Als Stammvater der Familie *Dietrich* ist Adam DIETRICH (1711-1782) gemeint. Er wurde zunächst Gärtner, eignete sich autodidaktisch ein umfangreiches botanischen Wissen an und lernte 1742 den Botaniker Albrecht von Haller persönlich kennen. Adam Dietrich wirkte auch den Vorstudien der neuen Ausgaben (s.o.) von Heinrich Bernhard *Flora Jenensis* mit und der schwedische Naturforscher Carl von Linné begann – wie von Goethe genannt – einen wissenschaftlichen Austausch mit Dietrich.

Friedrich Gottlieb Dietrich (Quelle: Wikipedia)

Der Enkel Friedrich Gottlieb DIETRICH (1765-1850) wurde Hofgärtner in Weimar, ab 1802 in Eisenach und dort Direktor der von ihm angelegten botanischen Gärten. Er lieferte Goethe zahlreiche Pflanzen und verfasste nach einer bemerkenswerten Karriere (Großherzoglicher Rat, Dr. phil., Professor für Botanik) u.a. ein *Vollständiges Lexikon der Gärtnerei und Botanik* (10 Bände: 1802-1840). *Die Wunder der Pflanzenwelt oder Beobachtung und Schilderung der wunderbaren formellen Erscheinungen im vegetabilischen Reiche* (1844) und *Die Weimarische Flora oder Verzeichniß der im herzoglichen Park in Weimar befindlichen Bäume, Sträucher und Stauden* (1800).
In Goethes Nachlass befindet sich ein Pflanzenverzeichnis (mit Vermerk von Goethes Hand: *Verzeichniß der Pflanzen und Samen welche der Gärtner Dietrich zu überlassen erböthig ist"* vom 27. September 1817 (Sign 26/LXII,Ss des Goethe- und Schiller-Archivs in Weimar).
Sein Vater, Johann Adam DIETRICH (1759-1794), setzte die Geschäfte als Gärtner des Stammvaters in Ziegenhain fort – wie Goethe feststellte.
Der Neffe von Friedrich Gottlieb Dietrich, der Botaniker und Kupferstecher David Nathaniel DIETRICH (1799-1888) wurde Kustos am Universitäts-Herbarium Jena. Ab 1828 war er als akademischer botanischer Gärtner tätig.

GOETHE:

„*Batsch*, der Sohn eines in Weimar durchaus geliebten und geschätzten Vaters, hatte seine Studienzeit in Jena sehr wohl benutzt, sich den Naturwissenschaften eifrig ergeben, und es so weit gebracht, daß er nach Köstritz berufen wurde, um die ansehnliche Gräfliche Reußische Naturaliensammlung zu ordnen und ihr eine Zeitlang vorzustehen. Sodann kehrte er nach Weimar zurück, wo ich ihn denn auf der Schlittschuhbahn, dem Versammlungsorte guter Gesellschaft, mit Vergnügen kennen lernte, seine zarte Bestimmtheit und ruhigen Eifer gar bald zu schätzen wußte, und in freier Bewegung mich mit ihm über höhere Ansichten der Pflanzenkund und

über die verschiedenen Methoden dieses Wissen zu behandeln freimütug und anhalten besprach.
Seine Denkweise war meinen Wünschen und Forderungen höchst angemessen, die Ordnung der Pflanzen nach Fami ien in aufsteigendem, sich nach und nach entwickelndem Fortschritt, war sein Augenmerk. Diese naturgemäße Methode, auf die Linné mit frommen Wünschen hingedeutet, wobei französische Botaniker unablässig beharrten, sollte nun einen unternehmenden jungen Mann zeitlebens beschäftigen, und wie froh war ich meinen Teil daran aus der ersten Hand zu gewinnen."

August Johann Georg Karl BATSCH (1761-1802) war Sohn des Advokaten Georg Lorenz Batsch (Riga 1728-1798 Weimar), der nach dem Studium der Rechtswissenschaften in Jena zunächst Advokat war und 1777 als Herzoglicher Regierungs- und Lohnsekretär nach Weimar kam.

August Batsch (Punktierstich)

Sein Sohn studierte 1772 Medizin und Philosophie in Jena, erwarb sowohl den Dr. phil. (1781) als auch Dr. med. (1786). 1787 wurde er außerordentliche Professor für Medizin und Botanik, 1792 o. Professor der Philosophie an der Universität Jena. Er beschäftigte sich mit allgemeiner Naturgeschichte, der Systematik der Pflanzen und speziell mit Pilzen.

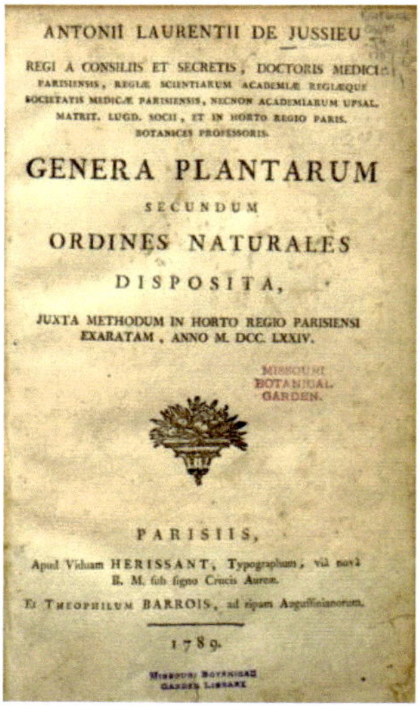

ANTONII LAURENTII DE JUSSIEU

REGI A CONSILIIS ET SECRETIS, DOCTORIS MEDICI PARISIENSIS, REGIÆ SCIENTIARUM ACADEMIÆ REGIÆQUE SOCIETATIS MEDICÆ PARISIENSIS, NECNON ACADEMIARUM UPSAL. MATRIT. LUGD. SOCII, ET IN HORTO REGIO PARIS. BOTANICES PROFESSORIS.

GENERA PLANTARUM

SECUNDUM

ORDINES NATURALES

DISPOSITA,

JUXTA METHODUM IN HORTO REGIO PARISIENSI EXARATAM, ANNO M. DCC. LXXIV.

MISSOURI BOTANICAL GARDEN.

PARISIIS,

Apud Viduam HERISSANT, Typographum, viâ novâ B. M. sub signo Crucis Aureæ.

Et THEOPHILUM BARROIS, ad ripam Augustinianorum.

1789.

Bernard de Jussieu – der Botaniker und sein Werk GENERA PLANTARUM

Er war Zeitgenosse des französischen Botanikers Bernard de JUSSIEU (1699-1777), des ersten Begründers eines natürlichen Systems der Pflanzen, in dem die Pflanzen anhand der äußeren Form und Gestalt klassifiziert wurden. Er war ab 1722 am Jardin du Roi in Paris für den Garten und die Gewächshäuser verantwortlich. Als Aufseher des Gartens bei *Petit Trianon* (im Schlosspark von Versailles) überwachte er 1758 die Anlage eines Botanischen Gartens, in dem durch Gruppierungen von Pflanzen ähnlicher Gattungen das natürliche System dargestellt werden sollte. Er nutzte die *Classes Plantarum* von Linné, der auch zu den Zuhörern seiner Vorträge im Jardin du Roi zählte. Gedruckt wurde sein Werk *Genera Plantarum* erst 1789.

BATSCH verwaltete zunächst für ein Jahr die gräflich reuß-plauische Naturaliensammlung in Köstritz (1785). Ab 1789 leitete er den Aufbau des Botanischen Gartens in Jena, ab 1794 als dessen Direktor. Seit 1776 hatte Goethe die Oberaufsicht über die unmittelbaren Anstalten für Wissenschaft und Kunst im Herzogtum – d.h. auch über den Botanischen Garten.

GOETHE:

„Aber nicht allein von zwei Jünglingen, sondern auch von einem bejahrten vorzüglichen Manne, sollte ich unbeschreiblich gefördert werden. Hofrat *Büttner* hatte seine Bibliothek nach Jena gebracht, und ich, durch das Vertrauen meines Fürsten, der *Sich* diesen Schatz und uns angeeignet hatte, beauftragt Anordnung und Aufstellung, nach dem eigenen Sinne des im Besitz bleibenden Sammlers, einzuleiten, erhielt mit dem selben ein fortwähres Verkehr. Er, eine lebendige Bibliothek, bereitwillig auf jede Frage umständliche, auslangende Antwort und Auskunft zu geben, unterhielt sich über Botanik mit Vorliebe.

Hier verleugnete er nicht, sondern bekannte vielmehr mit einiger Leidenschaft, daß er, als Zeitgenosse Linnés, mit diesem ausgezeichneten, die ganze Welt mit seinem Namen erfüllenden Manne, still gewetteifert, dessen System niemals angenommen, vielmehr sich bemüht habe die Anordnung der Gewächse nach Familien zu bearbeiten, von den einfachsten, fast unsichtbaren Anfängen in das Zusammengesetzteste und Ungeheuerste fortschreitend. Ein Schema hiervon zeigte er gern, mit eigener Hand zierlich geschrieben, worin die Geschlechter nach diesem Sinne gereiht erschienen, mit zu großer Erbauung und Beruhigung."

Christian Wilhelm BÜTTNER (1716-1801) war Naturforscher. Philologe, Philosoph und Linguist. 1758 wurde er auf den Lehrstuhl für Naturgeschichte an der Universität Göttingen berufen und war dort u.a. Lehrer von Georg Lichtenberg. Er besaß eine umfangreiche Naturaliensammlung, die der

Göttinger Professor und Bibliothekar Christian Gottlieb Heyne 1773 als Grundlage des Akademischen Museums für die Universität erwarb. Sie ebenso umfangreiche Bibliothek und auch weitere Sammlungen verkaufte er für 40.000 Taler, eine Pension und freie Wohnung im Schloss zu Jena an den Herzog Carl August.

Porträts von Johann Christian BÜTTNER

Literaturhinweis:
G. Schwedt, Goethe und seine Bibliotheken, in: Elmar Mittler (Hrsg.): „Göthe ist schon mehrere Tage hier, warum weiß Gott und Göthe". Vorträge zur Ausstellung „Der gute Kopf leuchtet überall hervor" – Goethe, Göttingen und die Wissenschaft. Göttingen 2000 (Göttinger Bibliotheksschriften Bd. 13)

Dieser erste Bericht GOETHES über seine botanischen Studien findet eine Fortsetzung in seinem *Versuch über die Metamorphose der Pflanzen* (1831). Dort sind der bis hier zitierte Teil als *Geschichte meines botanischen Studiums* und zum *Entstehen des Aufsatzes über Metamorphose der Pflanzen* zusammengefasst. Der zweite Teil ist nach dem folgenden Kapitel zu finden.

Dieses bezieht sich zunächst auf die Angaben zu den Parkanlagen in Weimar im zuvor zitierten Teil von Goethes Geschichte seiner botanischen Studien.

Schema zu einem Aufsatze
die Pflanzenkultur
im Grossherzogtum Weimar
darzustellen. [April 1822]

„Auch diese höchst bedeutende auffallende Wirkung ist aus einem wahrhaften Leben, einem heitern, freudigen und mehrere Jahre glücklich fortgesetzten Zusammenwirken entsprungen.

Zuerst also von Belvedere, welches zur Freude der Einheimischen, zur Bewunderung der Fremden grünt und blüht.

Herzog Ernst August I., Großvater von Carl August

Die Schloß- und Gartenanlage ward vom Herzog Fürst Ernst August [1648-1748] 1730 vollendet, und zu einem Lustort fürstlicher Hofhaltung gewidmet.

Die Waldungen auf den dahinter liegenden Hügeln wurden durch Spaziergänge, Erholungsplätze und manche romantische Baulichkeiten anmutig und genießbar.

Eine große Orangerie und was zu jener Zeit von solchen Gräten gefordert wurde, ward angelegt; daneben eine kleine Menagerie von meistens ausländischen Vögeln. Gärtnerei und Gartenbesorgung wurden in diesem Sinne geleitet und gefördert. Einige Treiberei für die Küche war nicht vergessen.

Wie aber die Kultur solcher Pflanzen, nach denen sowohl der Botaniker als der Liebhaber ästhetischer Landschaftsbilder sich umsieht, zuerst gefordert und nach und nach immer weiter ausgebildet worden, hiervon läßt sich der Gang und die natürliche Entwickelung ohne Betrachtung und Beherzigung des Schloßbrandes [durch Blitz am 5. Mai 1774] nicht denken.

Die höchsten Herrschaften, einer bequemen und ihrem Zustande gemäßen Wohnung beraubt, in kaum schicklichen Räumen einen interimistischen Aufenthalt findend, wandten sich gegen das Freie, wozu die verschiedenen wohleingerichteten Lustschlösser, besonders auch das heitere Ilmtal bei Weimar, und dessen ältere Zier- und Nutzgarten-Anlagen, die schönste Gelegenheit darboten."

Der Park von Dessau (Wörlitz) – von Gustav Frank (1819-1888; Landschaftsmaler und Lithograph)

GOETHE:

„Der Park in Dessau, als einer der ersten und vorzüglichsten berühmt und besucht, erweckte Lust der Nacheiferung, welche um desto originaler sich hervortun konnte, als die beiden Lokalitäten sich nicht im mindesten ähnelten; eine flache, freie wasserreiche Gegend hatte mit einer hügelig-abwechselnden nichts gemein. Man wußte ihr den eigenen Reiz abzugewinnen, und in Vergleichung beider zu untersuchen was einer jeden zieme, gab die Freundschaft der beiden Fürsten und die öftern wechselseitigen Besuche Anlaß, so wie die Neigung zu ästhetischen Parkanlagen überhaupt durch *Hirschfeld* aufs höchste gesteigert."

Theorie
der
Gartenkunst.
Von
C. C. L. Hirschfeld,
Erster Band.
Leipzig,
bey M. G. Weidmanns Erben und Reich. 1779.

Christian Cay Lorenz HIRSCHFELD (1742-1792) war Gartentheoretiker der Aufklärung. Ab 1773 lehrte er als o. Professor der Philosophie und Schönen Künste an der Universität in Kiel. Von 1779 bis 1785 gab er sein Werk *Theorie der Gartenkunst* in 5 Teilen heraus.

GOETHE:

„Die Anstellung des Hofgärtners Reichert [s.o.] in Belvedere verschaffte gar bald Gelegenheit alle dergleichen Wünsche zu befriedigen; er verstand sich auf die Vermehrung im großen und betrieb solche nicht nur in Belvedere, sondern legte bald einen eigenen Handelsgarten in der Nähe von Weimar an. Strauch- und Baumpflanzungen vermehrten sich daher in jedem Frühling und Herbste.

Mit der verschönten Gegend wächst die Neigung in freier Luft des Lebens zu genießen; kleine, wo nicht verschönernde doch nicht störende, dem ländlichen Aufenthalt gemäße Wohnungen werden eingerichtet und erbaut. Sie geben Gelegenheit zu bequemem Unterkommen von größeren und kleineren Gesellschaften, auch unmittelbaren Anlaß zu ländlichen Festen, wo das abwechselnde Terrain viele Mannigfaltigkeit bot und manche Überraschung begünstigte, da eine heitere Einbildungs- und Erfindungskraft vereinigter Talente sich mannigfaltig hervortun konnte.

So erweitern sich die Parkanlagen unmittelbar vom Schloß ausgehend, welches auch nach und nach aus seinen Ruinen wieder wohnbar hervorsteigt, erstrecken sich das anmutige Ilmtal hinauf und nähern sich Belvedere. Die Oberaufsicht, Leitung und Anordnung übernimmt der Fürst selbst, indesen Höchstihro Frau Gemahlin durch ununterbrochene Teilnahme und eigene sorgfältige Pflanzenpflege in die Erweiterung des Geschäftes mit eingreift.

Der Herzogin Anna Amalia Aufenthalt in Ettersburg und Tiefurt trägt nicht wenig zu einem, man dürfte fast sagen leidenschaftlichen, Bedürfnis des Landlebens bei.

Am letztgenannte Orte hatten Prinz Constantin und Major von Knebel schon viele Jahr vorgearbeitet und zu geselligen Festen und Genüssen das anmutigste Tal der Ilm eingeweihet.“

Prinz Constantin war Friedrich Ferdinand Constantin von Sachsen-Weimar-Eisenach, zweites Kind von Herzogin Anna Amalia von Braunschweig-Wolfenbüttel und Herzog Ernst August II. Constantin (1737-1758) von Sachsen-Weimar und Sachsen-Eisenach.

Herzogin Anna Amalia (1739-1807)
geb. von Braunschweig-Wolfenbüttel
(Gemälde von Johann Ernst Heinsius 1769)

Luise von Sachsen-Weimar,
geb. von Hessen-Darmstadt
(1757-1830) – Gemälde
von Tischbein 1795

Prinz Constantin von Sachsen-Weimar-Eisenach (1758-1793) Gemälde von Zisenius 1769

Major Karl Ludwig von Knebel (1744-1834) – Zeichnung von Johann Joseph Schmeller 1834

Schloss Ettersburg – Postkarte um 1900

Im Park von Tiefurt – DDR-Postkarte

GOETHE:

„Im ganzen ist man überall bemüht der Örtlichkeit ihr Recht widerfahren zu lassen, sie möglichst zu benutzen und nichts gegen ihren Charakter zu verfügen.

Im ernstlichen geht die regelmäßige Forstkultur im Lande fort, damit verbindet sich schon die Erziehung fremder Baumarten.

Große Anpflanzungen und sonstiges Vermehren geschieht durch einsichtige Forstmänner; dadurch gewinnt man an Erfahrung welche Pflanzen unser Klima ertragen können.

Hier wäre etwas Näheres über die rauhere Lage von Weimar und Belvedere zu sagen, unsere Höhe ist schon bedeutend, die Nähe zum Thüringer Wald und zwar die Lage derselben in Süden hat nicht weniger Einfluß; die nordöstlichen und nordwestlichen Zugwinde bedrohen die Vegetation gar öfters.

Der Hofgärtner Reichert geht mit dem Tode [1797] ab, die Kultur der botanischen Parkpflanzen findet sich in Belvedere schon sehr gesteigert. Von dem Vorrate fällt ein großer Teil dem Fürsten anheim, wegen seines andern Teils wird Übereinkunft getroffen. Reichert der Sohn versetzt das übrige nach Weimar für eigene Rechnung.

Bemühungen anderer Privaten, besonders des Legationsrat Bertuch, welcher außer der Kultur seines ansehnlichen Hausgartens und Aufstellung verschiedener Monographien, unter Serenissimus Direktion der Parkanlagen sechszehn Jahre verwaltet."

Friedrich Justin Bertuch – Gemälde von Tischbein 1796

Aus dem *Hausgarten* von BERTUCH ist der heutige *Weimarhallenpark* entstanden. Er ist ein Teil des aus dem alten Baumgarten (ursprünglich ein Nutzgarten) entstandenen *Hausgartens* von Bertuch – 1777 vom Herzog in Erbpacht erworben. Der Baumgarten war vom Hofgärtner Carl Heinrich Gentzsch verwaltet worden. Er war für die Lieferung von Obst und Gemüse aus den gärtnerisch genutzten Streuobstwiesen und auch von Fischen aus einem davorliegenden Teich zuständig. Im Hausgarten entstanden Gewächshäuser und eine kleine Orangerie, wo Südfrüchte wie Granatäpfel und Orangenbäume als Kübelpflanzen überwinterten. Aus der Orangerie entwickelte der geschäftstüchtige Bertuch ein Handelsgärtnerei (für Blumen) und auch Gemüse. Es wurden dort u.a. Hyazinthen, Primeln, Rosen bzw. Kohl, Broccoli und Artischocken gezogen. Das historische Gärtnerhaus stammt aus dem 18. Jahrhundert.

GOETHE:

„Der Garten-Inspektor Sckell wird in Belvedere angestellt. Er und sein Bruder besorgen aufmerksam und treulichst die Anstalt; der Sohn des erstern wird auf Reisen geschickt, desgleichen mehrere, welche Talent und Tätigkeit zeigen; sie kommen nach und nach zurück mit wichtigen Pflanzentransporten.

Den eigentlichen botanischen Garten dirigieren vor wie nach Ihro K. H. der Großherzog, Schloß und übrige Lustpartien werden der Fürstlichen Familie eingeräumt.

Die Anschaffung kostbarer botanischer Werke in die öffentliche Bibliothek geht immer fort, ja sie vermehrt und häuft sich.

Eben so die eifrige Vermehrung bedeutender Pflanzen, neben den immerfort ankommenden Fremdlingen, macht die Erweiterung in Belvedere, sowohl auf dem Berg als in dem Tal gegen Mittag gelegen, höchst nötig. In der letzten Region werden Erdhäuser nach Erfindung Serenissimi angebracht; in der letzteren Zeit ein Palmenhaus erbaut, von überraschender Wirkung.

Häuser worin fremde Pflanzen im Boden stehen bleibe, im Winter bedeckt werden, so genannte Konservatorien, sind längst errichtet und werden erweitert.

Der Belvederische Pflanzengarten wird ausschließlich zu wissenschaftlichen Zwecken bestimmt; daher der Küchengarten und die Ananas-Kultur und dergleichen in eine Abteilung des Parks bei Weimar verlegt.

Reisen Serenissimi nach Frankreich, England, den Niederlanden und der Lombardei, Besuch botanischer Gärten und eigene Prüfung der verschiedenen Anstalten und Erfindungen in denselben, würden nachrichtlich mitgeteilt große Interesse und Belehrung gewähren, so wie die persönliche Bekanntschaft mit Wissenschafts- und Kunstgenosse überaus förderlich erschien. Höchstdieselben werden als erstes und ordentliches Mitglied, in die Gesellschaft des Gartenbaues zu London aufgenommen.

Was in Jena geschah darf nicht übergangen werden. Schon vor vielen Jahren hatte der würdige Batsch einen Teil des Fürstengartens, nach dem Familiensystem geordnet, angepflanzt. Diese Einrichtung wurde treulich fortgesetzt durch die Professoren Schelver und Voigt; letzterer bearbeitete den Belvederischen Katalog sowohl als den Jenaischen nach genanntem System; doch kehrt man von Zeit zu Zeit, wegen des unmittelbaren Verkaufes und Tausches, zu der schon gewöhnlichen brauchbaren Art und Weise zurück."

- August BATSCH (1761-1802) – s. S. 33.
- Franz Joseph SCHELVER (1778-1832) war Mediziner, Botaniker und Naturphilosoph. Er studierte ab 1796 Medizin in Jena (u.a. bei Hufeland, Batsch und Loder), ab 1797 in Göttingen. Nach der Promotion war er zunächst als Arzt in seiner Geburtsstadt Osnabrück tätig. 1801 wurde er Privatdozent in Halle, 1803 bis 1806 ao. Prof. in der medizinischen Fakultät in Jena, wo er mit Schelling und Goethe befreundet war. Er wurde Nachfolger von Batsch als Direktor des Botanischen Gartens. 1806 erhielt er eine o. Professur für Medizin in Heidelberg.
- Friedrich Siegmund VOIGT (1781-1850) war Botaniker und Zoologe. Er wurde nach Schelver Direktor des Botanischen Gartens und Professor für Medizin und Botanik in Jena. Goethe sorgte dafür, dass er nach Paris reisen konnte, wo er Alexander von Humboldt kennenlernte. Nach den schweren Verwüstungen des Botanischen Gartens in den Napoleonischen Kriegen baute er ich wieder auf. Er verteidigte auch Goethes Metamorphose der Pflanzen.
- August Wilhelm DENNSTEDT (1776-1826) war mit Unterstützung von Johann Christian Sckell den *Hortus Belvedereanus. Oder Verzeichniss der bestimmten Pflanzen.* (1820-1828) – s. unten – und wurde 1818 wissenschaftlicher Leiter des Botanischen Gartens

von Belvedere. Herzog Carl August verlieh ihm auch den Titel Professor. 1800 veröffentlichte er *Weimar's Flora. Pflanzen mit deutlichen Geschlechtern* und 1810 *Nomenclatur botanicus neu.*

GOETHE:

„Indessen macht sich ein reinwissenschaftlicher Katalog, auf dessen Angabe man sich sowohl zu eigener Beruhigung als bei Tausch und Verkauf bestimmt und sicher Berufen könne, immer nötiger. Dieses langwierige Geschäft, wenn es gewissenhaft behandelt werden soll, macht die Anstellung eines wissenschaftlichen Mannes eigentlich nötig. Hiezu wird Prof. Dennstedt beauftragt; er unterzieht sich der Arbeit, das erste Hefte des Katalogs erscheint 1820. Das zweite 1821. Hierdurch ist also nicht allein für oben aufgestellte Zwecke gesorgt, sondern auch ein Leitfaden manchem unsichern und unerfahrnen Gärtner in die Hand gegeben um genauere Pflanzenkenntnis zu erlangen.

Ein ganz außerordentliches Verdienst hätte sich außerdem dieser Katalog noch für die Wissenschaft erwerben können, wenn man die Quantitäten über die Namen, und hie und da einen Akzent angebracht hätte; denn jetzt hört man außen wie im Freien, von Einheimische und Besuchenden eine babylonische, nicht Sprach- sondern Quantitäts-Verwirrung, welche besonders demjenigen, dem die Abteilung aus dem Griechischen gegenwärtig ist, mitten zwischen den herrlichen Naturprodukten eine verdrießliche Mißstimmung erregt.

Nach Serenissimi angeboren liberalem Charakter und der wahrhaft fürstlichen Leidenschaft, andere an allem Guten, Nützlichen teilnehmen zu lassen, ward in dem Maße wie Belverdere heranwuchs auch Jena solcher Vorzüge teilhaftig. Ein neues Glashaus von vier und siebenzig Fuß Länge mit mehreren Abteilungen, nach den neusten Erfahrungen und den daraus abgeleiteten Maximen erbaut, nahm die häufigen Geschenke an Pflanzen und Samen begierig auf. Da nun aber das Haus an und für sich selbst von den früheren Batschischen Einrichtungen eine große Teil abschnitt, sodann auch die Mistbeete verlegt werden mußten; so ward eine völlige Umplanung des ganzen Gartens notwendig, und bei dieser Gelegenheit die Revision und verbesserte Zusammenstellung der natürlichen Familien möglich und erwünscht."

HORTUS BELVEDEREANUS

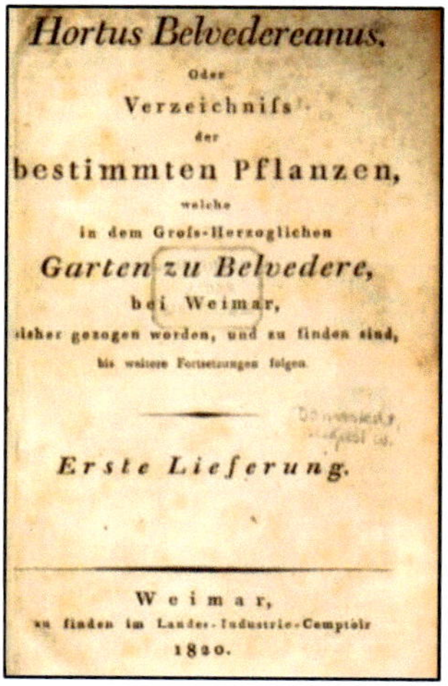
Hortus Belvedereanus.
Oder
Verzeichnifs
der
bestimmten Pflanzen,
welche
in dem Grofs-Herzoglichen
Garten zu Belvedere,
bei Weimar,
bisher gezogen worden, und zu finden sind,
bis weitere Fortsetzungen folgen.

Erste Lieferung.

Weimar,
zu finden im Landes-Industrie-Comptoir
1820.

Die Katalog erschien zwischen 1820 und 1826 in mehreren Auflagen. Auftraggeber war Herzog Carl August, verlegt wurde er von Friedrich Justin Bertuch in dessen *Landes-Industrie-Comptoir* in Weimar. Mit der Herausgabe wurden sowohl botanische als merkantile Zwecke verfolgt. Er diente zum Kauf und Verkauf seltener Pflanzen, auch von Samen aus Übersee sowie Russland. Als Vorgänger dienten bereits zwischen 1812 und 1817 angelegt Verzeichnisse. Er entstand durch die Zusammenarbeit von Dennstedt mit dem Hofgärtner Sckell und enthielt etwa 7900 Arten und Varietäten – u.a. mit Orangen-, Myrten-, Feigenbäumen und Zypressen sowie verschiedenen Nussarten, Magnolien, Tulpenbäumen und auch einigen Hartriegelarten.

DENNSTEDT schrieb im „Vorwort als Einleitung" – datiert auf *Belvedere, d. 16. Febr. 1820* u.a.:

„Der außerordentliche Zuwachs, welchen die hiesige Pflanzensammlung seit zwei Jahren erhalten hat, machte die früheren Verzeichnisse derselben vom Jahr 1812 und 1816, so wie den Nachtrag vom Jahr 1817 unbrauchbar und die Anfertigung eines neuen dringend nothwendig. Ueber die Einrichtung des Vorliegenden sey es mir vergönnt, einige Worte zu sagen.

Die, in diesem Verzeichnisse angegebenen Pflanzen, machen *bei weitem nicht den ganzen hiesigen Reichthum* aus, indem ich nur diejenigen hierin aufnahm, welche ich während der kurzen Zeit meiner Anstellung genau untersuchen und bestimmen konnte. Ein sehr großer Theil hat *noch nicht geblühet*, deßwegen mussten sie, um das pflanzenliebende Publicum nicht etwa absichtslos zu hintergehen, vor der Hand und so lange wegbleiben, bis eine genauere Untersuchung derselben, nach Erscheinung ihrer Blüthen und Früchte, möglich ist. Zwar sind wohl Einige mit aufgenommen, die noch nicht blüheten, und wohl schwerlich in einem Europäischen Garten blühen werden, wie z. B. *Pandanus, Borassus, Corphya* u. a., indem ich mich auf die Treue der Absender und die wenigen außer den Fructificationstheilen unterscheidenden Merkmalen verlassen musste; doch hoffe ich deswegen keinem Tadel ausgesetzt zu seyn, da dergleichen Gewächse auch in andern Verzeichnissen und unter denselben Verhältnissen aufgeführt werden. Uebrigens befinden sie sich auch in der Vermehrung, können also nicht abgelassen werden, und es ist demnach einer Täuschung der Abnehmer schon dadurch vorgebeugt, im Fall die genannten und andere dergleichen Pflanzen unrichtig seyn sollten. Die bedeutenden Saamensendungen, aus fast allen Theilen der bereis'ten Erde, vermehren die hiesige Sammlung, mussten aber ebenfalls wegbleiben, weil ich theils die Namen nicht auf Treu und Glauben annehmen konnte, theils weil sehr viele ohne alle Namen, höchsten nur mit Bezeichnung der vermuthlichen Gattung, wozu sie gehören möchten, oder der natürlichen Familie, ankommen. Erst die Blüthe und

Frucht wird die Richtigkeit der Erhaltenen ausser Zweifel setzen, und mich zu folgenden *Nachträgen* und *Lieferungen* dieses Verzeichnisses veranlassen, die von Zeit zu Zeit erfolgen werden."

ERLÄUTERUNGEN

Pandanus: Es handelt sich um Schraubenbäume (Schraubenpalmen). Immergrüne, baum- oder strauchförmige ausdauernde Pflanzen. Die Zahl der Arten in der Gattung *Pandanus* in den wärmeren Ländern der östlichen Halbkugel wird mit mehr als 600 angegeben. Die meisten kommen auf den Inseln des Indischen Ozeans und auf den Maskarenen, einer Inselkette östlich von Madagaskar vor.

Lithographie: *Pandanus*

Palmyrapalme (*Borassus flabellifer*) aus: Historia Naturalis Palmarum (1823)

Corpha umbraculifera (Talipot-Palme) – Lithographie (1898)

Borassus: eine Pflanzengattung innerhalb der Familie der Palmengewächse, die in der sogenannten *Paläotropis* (Region der tropischen und subtropischen Gebiet der *Alten Welt,* also fas ganz Afrika, Indien und Südostasien) vorkommt.

Corypha: Mit diesem Namen werden *Schopfpalmen* bezeichnet, die von Indien bis Nord-Australien vorkommen.

Der folgende Text macht auch die damaligen Schwierigkeiten in der botanischen Nomenklatur deutlich.

Fortsetzung DENNSTEDT:

„Da wir immer die meisten Gewächse aus England erhalten, welches unstreitig die größten Pflanzenreichthümer besitzt, und wegen seiner Handlung und Schifffahrt auch leichter zusammenbringen kann, als irgend eine andere Nation; da ferner die Englischen Botaniker bei genauen Untersuchungen sich manchmal bewogen finden, Arten von einer bekannten Gattung zu trennen, und zu einer eigenen neuen zu erheben, so habe ich bei gegenwärtigem Pflanzenverzeichnisse die neueste Ausgabe von *W. Townsend Aiton's Hortus Kewensis* zu Grunde gelegt, und die *Benennung* desselben angenommen, und hoffe, der angegebenen Ursachen halber, dieserwegen nicht getadelt zu werden, Um aber doch Andern verständlich zu seyn, denen diese Nomenclatur weniger oder gar nicht bekannt seyn dürfte, habe ich jederzeit die bekanntesten *Synonymen*, dem angenommenen Namen untergesetzt und durch *Cursivschrift* unterschieden. Sie laufen in alphabetischer Reihe mit den übrigen Namen fort, und sind mit Zurückweisung auf den *angenommenen Namen* begleitet, wodurch, wie ich hoffe, das Aufsuchen denen sehr erleichtert seyn wird, welche eine Pflanze unter einem anderen, als dem hier angenommenen Namen kennen. Bei dem so öfteren Namenwechsel in der Botanik hielt ich de *Beifügung der Synonymen* auch in ökonomischer Hinsicht für nothwendig, weil man öfters durch unbekannte Namen verleitet, dem natürlichen Hange nach Seltenheiten folgt, und dann nicht selten für vieles Geld Pflanzen erhält, die man vielleicht schon besitzt und selbst ablassen kann."

BEISPIEL zur Nomenklatur – Erläuterungen in eckiger Klammer […]:

A c e r campestre. [Feldahorn]

- fol. variegatis [verändert]

  canadense. [Syn. *Acer pensylvanicum* L.; dtsch.: Streifen-Ahorn]

  coccineum [Syn. *Acer saccharum*; dtsch.: Zucker-Ahorn]

  creticum [L.; Syn. *Acer sempervirens*; dtsch.: Kretischer Ahorn – *sempervirens*: immergrünend]

  crispum [*Acer palmatum crispum*; dtsch: Fächer-Ahorn – *crispus*: kraus]

  dasycarpum [Erh.; Syn.: *Acer saccharinum*; s.o. – *dasycarpus*: rauh-früchtig]

Quellen:

H. R. Wehrhahn: Die botanischen Pflanzennamen. Die Pflanzenfamilien; Erklärung der Gattungsnamen mit Heimatangaben; Artnamen und deutsche Pflanzennamen. 6. Aufl. Paul Stötzel, Gießen 1955.

W. Erhardt/E. Götz/N. Bödeker/S. Seybold: ZANDER. Handwörterbuch der Pflanzennamen, 17. Aufl., Ulmer, Stuttgart 2002.

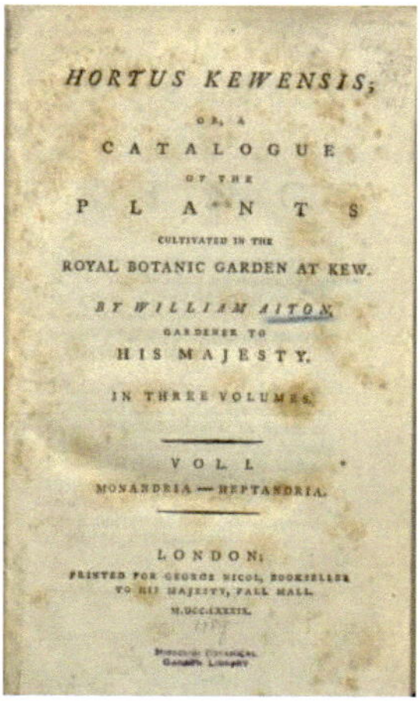

HORTUS KEWENSIS;
OR, A
CATALOGUE
OF THE
PLANTS
CULTIVATED IN THE
ROYAL BOTANIC GARDEN AT KEW.
BY WILLIAM AITON,
GARDENER TO
HIS MAJESTY.
IN THREE VOLUMES.
VOL. I.
MONANDRIA — HEPTANDRIA.
LONDON:
PRINTED FOR GEORGE NICOL, BOOKSELLER TO HIS MAJESTY, PALL MALL.
M.DCC.LXXXIX.

William Townsend AITON und Titelseite des von ihm herausgegebenen Pflanzen-kataloges

William Townsend AITON (1766-1849) war Gärtner und Botaniker. Er war der älteste Sohn von William Aiton (1731-1793) und dessen Nachfolger als Vorsteher des Botanischen Gartens in Kew. Er gab 1789 die zweite Auflage des Hauptwerkes seines Vaters, des *Hortus Kewensis, or a catalogue the plants cultivated in the Royal Botanic Garden at Kew* heraus.

Der *Royal Botanic Garden (Kew)* befindet sich im Südwesten Londons. Er hat seinen Ursprung in den exotischen Gärten von Henry Capel, Baron of Tewkesbury (1638-1696), die von Prinzessin Augusta von Sachsen-Gotha-Alteburg (1716-1772), Witwe von Friedrich Ludwig von Hannover, Princess of Wales (1707-1751) und Mutter des britischen Königs Georg III., stark erweitert wurden. Die Gärten waren zunächst Lustgärten, ab 1758 dann zu botanischen Gärten, unter dem Architekten William Chambers (1723-1796) gestaltet.

Kew Garden – aus. Serien von 24 Zeichnungen auf Stein von Charles Hullmandel (1759-1850) 1820 veröffentlicht

In den folgenden Absätzen der Einleitung werden auch bereits von GOETHE genannte Einrichtungen im Botanischen Garten Belverdere genannt und beschrieben:

DENNSTEDT:

„... Jedes Mittel, wodurch Pflanzen erhalten, und erzogen werden können, wird hier in Anwendung gebracht. Dieß beweisen die anderwärts wohl selten anzutreffenden Anstalten, von denen ich nur die *Conservatorien* erwähnen will, wo exotische Pflanzen im *freien Boden* stehen und nicht in Geschirre eingezwängt sind. Der freudige Wuchs und das herrliche Gedeihen, sind die deutlichsten und sprechendsten Beweise von der Vortrefflichkeit dieser Einrichtung, denn nirgends (ich getraue mir es ohne Partheilichkeit zu behaupten) mag sich wohl auf dem ganzen festen Lande ein so herrliches Exemplar der *Casuarina* finden, als hier. Durch Wegnahme des Gebäudes am Anfang des Sommers, genießen die in einer großen Menge passender Erde stehenden Pflanzen alle Vortheile dieser Monate, und werden durch Ueberbauung im Herbst vor den nachtheiligen Einwirkungen der unfreundlichen Jahreszeit geschützt, so daß selbst bei heftigem Froste gleich wie in einem festen Gewächshause, durch künstliche Wärme die Temperatur erhöhet und das Leben der Pflanzen vor Zernichtung durch die Kälte gesichert werden kann.

Eine andere, für Pflanzen-Cultur sehr wichtige Anstalt, ist die Erfindung Sr. K. Hoh. die bisherigen kalten Häuser *in die Erde zu versenken*, oder die sogenannten *Erdenhäuser*. Sie gewähren außerdem schönen und gesunden Wachsthume der in ihnen aufgestellten Pflanzen noch den Vortheil, daß sie im Winter weniger Heizung bedürfen, als andere kalte Häuser. Hierdurch wird manches Gewächs am Leben erhalten, das wegen nicht wohl zu vermeidender ungleicher Temperatur in andern, über die Erde befindlichen Häusern, manchmal zu Grunde gehen.

Außer diese genannten Vorrichtungen sind auch die Anlagen zu Versuchen *ausländischer Gewächse zu acclimatisiren*, noch zu erwähnen. Schon haben den vorjährigen Winter einige Arten von Rhododendron in nördlicher Lage, unter einer Bedeckung von Fichtenreiß, unbeschädigt überstanden, und man wird sehen, ob sie auch den verflossenen für unsere Gegenden so außerordentlich harten Winter glücklich überleben werden.

Diese und ähnliche Versuche werden auch ferner, und in grösserer Ausdehnung, fortgesetzt, indem vorigen Herbst ein eigenes Stück Land zur Anlage eines *offenen Gartens* angewiesen, und mit mehreren Gewächsen bepflanzt worden ist, von denen die meisten bisher in den *Häusern überwintert* wurden. Auf diese Art nun erweitert sich die hiesige Pflanzensammlung, wie die Folge zeigen wird, immer mehr und mehr, und scheint das Urtheil zu rechtfertigen, das ein rühmlichst bekannter Botaniker jüngst in einem Briefe darüber fällte, indem er Belverdere den *reichsten Garten des festen Landes* nannte."

Orangerie-Garten Belvedere und die Parkanlagen in Weimar

Ausschnitte einer Postkarte um 1900

Schlosspark Belvedere

Die Geschichte von Schloss und Park Belvedere beginnt 1724 durch Herzog Ernst August von Sachsen-Weimar-Eisenach (1688-1748), der auf der vier km vom Residenzschloss entfernten bewaldeten Anhöhe südlich der Stadt, *Eichenleite* genannt, den Grundstein für ein einfaches Jagdhaus legen ließ. Zwischen 1728 und 1734 entstand das Schloss Belvedere, durch den Anbau von zwei Seitenflügel erweitert, und durch im Halbkreis errichtete vier Kavalierhäuser, zwei Marställe und zwei Wachgebäude ergänzt. Sie begrenzten den von einer vasenbekrönten Balustrade geteilten Schlosshof. Auf diese Weise entstand ein Schlossanlage im Pavillonsystem. Zugleich bildete das Hauptgebäude auch Mittelpunkt des radial gegliederten Lustgartens. Zu diesem Garten gehörten eine Menagerie, eine Orangerie, Parterre-, Boskett- und Waldflächen und zugleich weitere Wirtschafts- und Nebengebäude. Ein großes Orangenhaus wurde östlich des Schlosses zwischen 1731 und 1733 errichtet – es blieb bis 1808 bestehen. Ab 1739 begann dann der Bau der noch heute bestehenden Orangenhäuser auf einem hufeisenförmigen Grundriss. Die Arbeiten am südlichen Orangeriepavillon konnten nach dem Tod des Herzogs erst 1755 vollendet werden.

Unter dem an der Botanik sehr interessierten Herzog Carl August begann eine neue Periode – es entstand der HORTUS BELVEDERE. Dorothee AREND

berichtete, dass Goethe und der Herzog Glas- und Treibhäuser für ihre botanischen Studien nutzten. Am 5. November 1789, schrieb Goethe, der zuvor am 24. Oktober vom Herzog den Auftrag erhalten hatte, eine *Botanische Anstalt* in Jena einzurichten, an diesen: *„Schon einigemal bin ich nach Belvedere zu Fuß gegangen, es scheint mir nun wieder näher. Reicherts botanischer Vorrat vermehrt sich immer, leider daß wir die interessantesten Sachen immer unter Dach haben müssen."* (zitiert nach D. Arend)
Der Herzog ließ immer wieder neue Pflanzen, Samen, Zwiebeln und Absenker erwerben, u.a. aus *Neuholländer* (Bezeichnung für Australien), also australische Pflanzen, Kalthauspflanzen und *feines Gehölz*. Weitere Handelspartner waren in Philadelphia und Kapstadt mit der Vermittlung von Samen und exotischen Gewächsen beschäftigt.
Für die Kultivierung der umfangreichen Sammlungen entstanden neue Gebäude. Das alte Orangenhaus wurde 1808 abgerissen, es entstand das sogenannten *Neue Haus* in der Lücke zwischen dem südlichen Orangerieflügel und dem Langen Haus. Das sogenannte *abschlagbare Winterhaus* wurde 1817 am Orangerieplatz errichtet. Zwischen 1816 und 1821 kamen das Palmenhaus und drei *Erdhäuser* im Bereich des *Küchgartens* hinzu. Der *Rote Turm*, ein runder Pavillon, wurde am nordöstlichen Ende des Langen Hauses als Studienkabinett errichtet. Das Freigelände des Botanischen Gartens befand sich südlich des Orangeriekomplexes. Der *Neuholländer Garten* war ein rechteckiger, von hohen Hecken umgebener Platz, auf dem sich im Sommer die Pflanzen aus Neuholland befanden; er wurde 1820/21 als Teil des Botanischen Gartens angelegt.

1815 begannen durch Erbherzog initiierte Umgestaltungen zu einem **Landschaftspark**, wozu das barocke Achsensystem, abgesehen von der **Oberen Lindenallee** aufgelöst wurde und durch ein System hangparalleler schmaler sich schlängelnder Wege.
Der **Russische Garten** entstand durch Erbherzog Carl Friedrich (1783-1853), der 1804 die Großfürstin Maria Pawlowna, Tochter des Zaren Peter I.

geheiratet hatte. Er sollte seiner Gattin ab 1811 als Sommeraufenthalt gestaltet werden.
Als weitere Gärten in Weimar und Umgebung sind zu nennen:

Der **Park an der Ilm** ist der bekannteste und auch größte Park in Weimar und Umgebung mit einer Fläche von 48 ha. Am Fluss Ilm entlang erstreckt er sich über eine Länge von 1,6 km – vom Weimarer Stadtschloss im Norden bis zum Weimarer Stadtteil Oberweimar im Süden.
Er entstand als Landschaftsgarten unter wesentlicher Mitwirkung von Goethe ab dem 18. Jahrhundert – mi Sichtachsen, Brücken über die Ilm, Parkarchitekturen und einem wertvolle Baumbestand, zum Teil aus Übersee. 1998 wurde als Teil des Ensembles *Klassisches Weimar* von der UNESCO in die *Welterbeliste* aufgenommen.
Der Park ist auch Teil langes *Grünzuges*, der ilmaufwärts bis zu Beginn des *Schlossparks Belvedere* und ilmabwärts bis zum *Schlosspark Tiefurt* reicht. Seinen Ursprung hat er im 14. Jahrhundert mit dem Schlossgarten und Baumgarten sowie dem Welschen Garten, einem Barockgarten – daran anschließend. 1613 wurden diese Anlagen bei einem Unwetter, die *Thüringer Sintflut* bezeichnet, zerstört. Erst ab 1648 begann eine Neugestaltung, die auf dem Merian-Kupferstich von etwa 1650 zu erkennen ist:

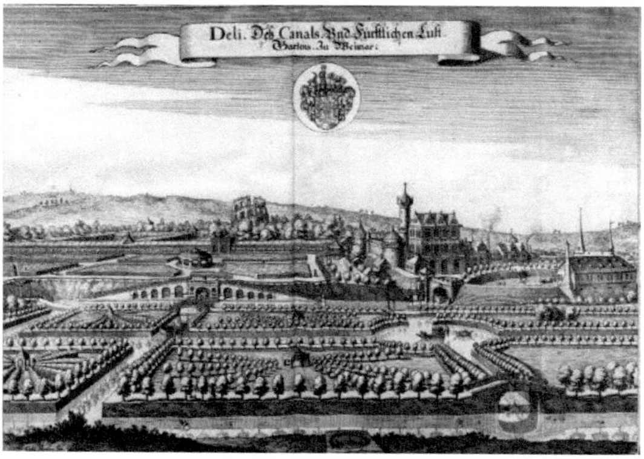

Plan (Ausschnitt ohne Erläuterungen) – mit (geschlängeltem) Verlauf der Ilm

Die Neugestaltung der Ilm-Parks begann 1776 durch Herzog Carl August und Goethe im Stil eines englischen (romantischen) Landschaftsparks – mit dem *Römischen Haus* (1791-1798 als Gartenhaus für den Herzog), *Goethes Gartenhaus* (am anderen Ufer gegenüber des Römischen Hauses), zahlreichen Denkmälern bzw. Büsten, Brücken über die Ilm wie *Sternbrücke* (1653-1658), *Floß-* oder *Naturbrücke* (vor 1799) am *Felsentor* oder *Nadelöhr, Duxbrücke* (1819) und *Schaukelbrücke* (1833).
Zum Baumbestandes Ilm-Parks zählen u.a. Ginkgo, Schwarznuss, Tulpenbäume, Hemlocktanne, Schwarzerlen, Silberweiden, Kaukasische Flügelnuss, Krimlinde und Sumpfzypressen.

Der **Schlosspark Tiefurt** entstand am ursprünglichen Pächterhaus eines herzoglichen Kammergutes und wurde 1765 für des Herzogs jüngeren Bruder Constantin umgebaut. Der 21 ha umfassende Landschaftspark entstand drei Kilometer östlich von Weimar am Rand des Dorfes Tiefurt und umfasst sanft abfallende Wiesen mit Baumgruppen. Die Ilm bildet hier einen großen Bogen. Der Park entstand in mehreren Schritten, u.a. auch durch den Zukauf von Wiesenflächen und Gärten, als 1776 der Prinz mit seinem Erzieher Karl

Ludwig Knebel im Schloss einzogen. Es wurden Pfade, Sitzplätze und Rondelle und auch ein Küchengarten sowie Weinstöcke gepflanzt angelegt.

Schlösschen Tiefurt 1793 – Tuschezeichnung von Conrad Westermayr (1765-1834)

(Literatur: Dorothee Ahrendt und Roland Krawulsky: Weimerer Parks, Edition Leipzig 2013.
Gert-Dieter Ulferts u.a.: Schloß Belvedere. Schloß, Park und Sammlung, München 1998)

Goethe über Jean-Jacques Rousseau als Botaniker

„Goethe als Botaniker“ aus:
F. Cohn, Die Pflanze, 2. Aufl., Band 1 (1896)

Jean-Jacques Rosseau
(Lithographie 19. Jh.)

Im zweiten Teil von Goethes Einführung in seine „Metamorphose der Pflanzen“ (der erste Teil wurde bereits zitiert und erläutert) *Der Verfasser teilt die Geschichte seiner botanischen Studien mit* (1831) berichtet er über Jean-Jacques ROUSSEAU und dessen Beschäftigung mit der Botanik.

GOETHE (zunächst das Vorige zusammenfassend):

Vorgesagtem nachdenkend wird man die Vorteile nicht verkennen, die mir meine Lage zu dergleichen Studien gewährte. Große Gärten [s.o. G.S.], sowohl an der Stadt als an Lustschlössern, hie und da in der Gegend Baum- und Gebüsch-Anlagen nicht ohne botanische Rücksicht, dazu die Beihülfe einer in der Nachbarschaft längst durchgearbeiteten, wissenschaftlichen Lokalflora, nebst der Einwirkung einer stets fortschreitenden Akademie, alles zusammengenommen gab einem aufgeweckten Geiste genugsame Fördernis zur Einsicht in die Pflanzenwelt.

Indessen sich dergestalt meine botanischen Kenntnisse und Einsichten in lebenslustiger Gesellschaft erweiterten, ward ich eines einsiedlerischen Pflanzenfreundes gewahr, der mit Ernst und Fließ sich diesem Fache gewidmet hatte. Wer wollte nicht dem im höchsten Sinne verehrten *Johann Jakob* [Jean-Jacques] *Rousseau* auf seinen einsamen Wanderungen folgen, wo er, mit dem Menschengeschlecht verfeindet, seine Aufmerksamkeit der Pflanzen- und Blumenwelt zuwendet, und in echter gradsinniger Geisteskraft sich mit den stillreizenden Naturkindern vertraut macht

Aus seinen frühern Jahren ist mir nicht bekannt, daß er zu Blumen und Pflanzen andere Anmutungen gehabt als solche, welche eigentlich nur auf Gesinnung, Neigung, zärtliche Erinnerungen hindeuteten; seinen entschiedenen Äußerungen aber zufolge mag er erst nach einem stürmischen Autor-Leben, auf der St. Peters-Insel, im Bielersee, auf dies Naturreich in seiner Fülle aufmerksam geworden sein. In England nachher, bemerkt man, hat er sich schon freier und weiter umgesehn; sein Verhältnis zu Pflanzenfreunden und -kennern, besonders zu der Herzogin von Portland, mag seinen Scharfblick mehr in die Breite gewiesen haben, und ein Geist wie derseinige, der den Nationen Gesetz und Ordnung vorzuschreiben sich berufen fühlt, mußte doch zur Vermutung gelangen, daß in dem unermeßlichen Pflanzenreiche keine so große Mannigfaltigkeit von Formen erscheinen könne ohne daß ein Grundgesetz, es sei auch noch so verborgen, sie wieder sämtlich zur Einheit zurückbrächte. Er versenkt sich in dieses Reich, nimmt es ernstlich in sich auf, fühlt daß ein gewisser methodischer Gang durch das Ganze möglich sei, getraut sich aber nicht, damit hervorzutreten. Wie er sich darüber ausspricht, wird immer ein Gewinn sein zu vernehmen.

»Was mich betrifft, ich bin in diesem Studium ein Schüler und nicht gegründet; indem ich herborisiere denke ich mehr mich zu zerstreuen und zu vergnügen als zu unterrichten, und ich kann bei meinen zögernden Betrachtungen den anmaßlichen Gedanken nicht fassen, andere zu unterrichten in dem was ich selber weiß.

Doch ich gestehe, die Schwierigkeiten, die ich bei dem Studium der Pflanzen fand, führten mich auf einige Vorstellungen, wie sich wohl Mittel finden ließen dasselbe zu erleichtern und andern nützlich zu machen, und zwar indem man den Faden eines Pflanzensystems durch eine mehr schritthaltende, weniger den Sinnen entrückte Methode zu verfolgen wüßte als es Tournefort getan und alle seine Nachfolger, selbst Linné nicht ausgenommen. Vielleicht ist mein Gedanke nicht ausführbar; wir sprechen darüber wenn ich die Ehre habe Sie wieder zu sehen.«

Der von Goethe zitierte Text von Rousseau stammt aus einem Brief an Mitglied des Rechnungshofes und en Botaniker Marc-Antoine-Louis de Claret de La Tourette (1729-1792) vom 26.1.1770.

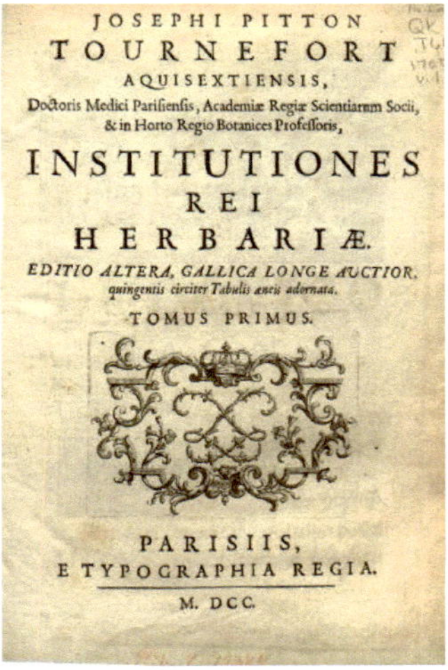

JOSEPHI PITTON
TOURNEFORT
AQUISEXTIENSIS,
Doctoris Medici Parisiensis, Academiæ Regiæ Scientiarum Socii, & in Horto Regio Botanices Professoris,
INSTITUTIONES
REI
HERBARIÆ.
EDITIO ALTERA, GALLICA LONGE AUCTIOR, quingentis circiter Tabulis æneis adornata.
TOMUS PRIMUS.
PARISIIS,
E TYPOGRAPHIA REGIA.
M. DCC.

Porträt J. Pitton de Tournefort und Titelseite seines Werkes *Institutiones Rei Herbariae* (1700)

Joseph Pitton de TOURNEFORT (1656-1708) war Theologe und Mediziner, ab 1683 Professor der Botanik am Jardin des Plantes, ab 1706 eine Proefssur für Medizin am Collège de France in Paris. Tournefort hatte auf Wunsch seines Vaters zunächst Theologie am Jesuitenkolleg von Aux studierte, wandte sich nach dessen Tod jedoch der Botanik in Montpellier zu und unternahm Exkursionen u.a. in die Berge von Savoyen, wo er beim Sammeln von Pflanzen die Grundlage für ein umfangreiches Herbarium schuf. Er entwickelte ein Pflanzensystem, das von der Form der Blüten ausgeht.

GOETHE:

Also schrieb er [Rousseau] im Anfang des Jahres 1770; allein es hatte ihm unterdessen keine Ruhe gelassen; schon im August 1771 unternimmt er, bei einem freundlichen Anlaß, die Pflicht andere zu belehren, ja was er weiß und einsieht Frauen vorzutragen, nicht etwa zu spielender Unterhaltung, sondern sie gründlich in die Wissenschaft einzuleiten.#

Hier gelingt es ihm nun sein Wissen auf die ersten sinnlich vorzuweisenden Elemente zurückzuführen; er legt die Pflanzenteile einzeln vor, lehrt sie unterscheiden und benennen. Kaum aber hat er hierauf die ganze Blume aus den Teilen wieder hergestellt und sie benannt, teils durch Trivialnamen kenntlich gemacht, teils die Linnéische Terminologie ehrenhaft, ihren ganzen Wert bekennend, eingeführt; so gibt er alsbald eine breitere Übersicht ganzer Massen. Nach und nach führt er uns vor: Liliaceen, Siliquosen und Siliculosen, Rachen- und Maskenblumen, Umbellen und Kompositen zuletzt, und indem er auf diesem Wege die Unterschiede in steigender Mannigfaltigkeit und Verschränkung anschaulich macht, führt er uns unmerklich einer vollständigen erfreulichen Übersicht entgegen. Denn da er an Frauenzimmer zu reden hat, versteht er, mäßig und gehörig, auf Gebrauch, Nutzen und Schaden hinzuweisen, und dies um so schicklicher und leichter, da er, alle Beispiele seiner Lehre aus der Umgebung nehmend, nur von den Einheimischen spricht und auf die exotischen Pflanzen, wie sie auch gekannt und gepflegt werden mögen, keine Ansprüche macht.

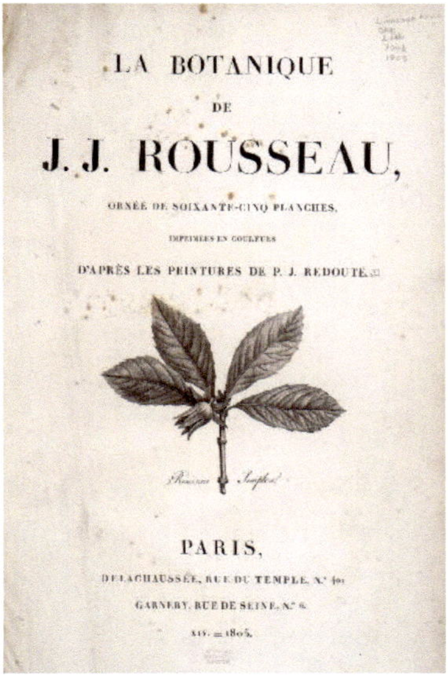
LA BOTANIQUE

DE

J. J. ROUSSEAU,

ORNÉE DE SOIXANTE-CINQ PLANCHES,

IMPRIMÉES EN COULEURS

D'APRÈS LES PEINTURES DE P. J. REDOUTÉ.

PARIS,

DELACHAUSSÉE, RUE DU TEMPLE, N.° 40;

GARNERY, RUE DE SEINE, N.° 6.

Titelseite *La Botanique de Rousseau* – zuerst Paris 1805, 2. Aufl. 1822 – und erste Tafel mit *Lilium umbellatum* - von Goethe mehrmals aus der Weimarer Bibliothek 1830/31 entliehen

Die Abbildungen stammen von dem Blumenmaler und Lithographen Pierre Joseph REDOUTÉ (1719-1840):

GOETHE:

Im Jahr 1822 gab man unter dem Titel *La Botanique de Rousseau* sämtliche von ihm über diese Gegenstände verfaßten Schriften in klein Folio sehr anständig heraus, begleitet mit farbigen Bildern, nach dem vortrefflichen *Redouté* alle diejenigen Pflanzen vorstellend, von welchen er gesprochen hatte. Bei deren Überblick bemerkt man mit Vergnügen, wie einheimische ländlich er bei seine Studien verfahren, indem nur Pflanzen vorgestellt sind, welche er auch seinen Spaziergängen unmittelbar konnte gewahr werden.

Seine Methode: das Pflanzenreich ins engere zu bringen, neigt sich, wie wir oben gesehen haben, offenbar zur Einteilung nach Familien; und da ich in jener Zeit auch schon zu Betrachtungen dieser Art hingeleitet war, so machte sein Vortrag auf mich einen desto größeren Eindruck.

Und so wie die jungen Studierenden sich auch am liebsten an junge Lehrer halten, so mag der Dilettant gern vom Dilettanten lernen. Dieses wäre freilich in Absicht auf Gründlichkeit bedenklich, wenn nicht die Erfahrung gäbe, daß Dilettanten zum Vorteil der Wissenschaft vieles beigetragen. Und zwar ist dieses ganz natürlich: Männer vom Fach müssen sich um Vollständigkeit bemühen und deshalb den weiten Kreis in seiner Breite durchforschen; dem Liebhaber dagegen ist darum zu tun, durch das Einzelne durchzukommen, und einen Hochpunkt zu erreichen, von woher ihm eine Übersicht, wo nicht des Ganzen, doch des Meisten gelingen könnte.

Von Rousseaus Bemühungen bring ich nur soviel nach, daß er eine sehr anmutige Sprgfalt für das Trocknen der Pflanzen und Anlegen von Herbarien beweist, und den Verlust desselben innigste bedauert, wenn irgennd eins zu Grunde geht, ob er gleich auch hier, im Widerspruch mit sich selbst, weder Geschick noch anhaltende Sorgsamkeit haben mochte, um besonders bei seinen vielfachen Wanderungen auf Erhaltung genau zu achten; deswegen er auch dergleichen Gesammeltes nur immer als Heu angesehen wissen will.

Behandelt er aber, einem Freund zu Liebe, die Moose mit billiger Sorgfalt, so erkennen wir aufs lebhafteste welchen gründlichen Anteil ihm die Pflanzenwelt abgewonnen habe; welches besonders die *Fragments pour un Dictionnaire des termes d'usage an Botanique* vollkommen bestätigen.

Soviel sei hier gesagt, um einigermaßen anzudeuten was wir ihm in jener Epoche unsrer Studien schuldig geworden.

Neueuflage 2019 und Tafel *Pisum sativum* L. (Gartenerbse)

Wie er [Rousseau] sich nun, befreit von allem nationalen Starrsinn, an die auf jeden Fall vorschreitenden Linné hielt, so dürfen wir auch wohl von unserer Seite bemerken, daß es ein großer Vorteil sei, wenn wir beim Eintreten in ein für uns neues wissenschaftliches Fach, es in einer Krise und einen außerordentlichen Mann beschäftigt finden, hier das Vorteilhafte durchzuführen. Wir sind jung mit der jungen Methode, unsre Anfänge treffen in eine neue Epoche, und wir werden in die Masse der Bestrebsamen wie in ein Element aufgenommen, das uns trägt und fördert.

Fortsetzung GOETHE „Geschichte der botanischen Studien“
zu LINNÈ und seinem System:

Blumenuhr nach Carl von Linné (Urheberin: Ursula Schleicher-Benz um 1947)

Linné soll auch eine Blumenuhr für den Botanischen Garten in Uppsala emtwickelt haben. In einem Blumenbeet in Form eines Zifferblattes mit 12 Unterteilungen wurden die zur jeweiligen Stunde blühenden krautigen Pflanzen angepflanzt.

GOETHE:

Und so ward ich mit meinen übrigen Zeitgenossen Linnés gewahr, seiner Umsicht, seiner alles hinreißenden Wirksamkeit. Ich hatte mich mit ihm und seiner Lehre mit völligem Zutrauen hingegeben; demungeachtet mußt ich nach und nach empfinden, daß mich auf dem bezeichneten Wege manches wo nicht irre machte, doch zurückhielt.

Soll ich nun über jene Zustände mit Bewußtsein deutlich werden, so denke man mich als gebornen Dichter, der seine Worte, seine Ausdrücke unmittelbar an den jedesmaligen Gegenständen zu bilden trachtet, um ihnen einigermaßen genug zu tun. Ein solcher sollte nun eine fertige Terminologie ins Gedächtnis aufnehmen, eine gewisse Anzahl Wörter und Beiwörter bereit haben, damit er, wenn ihm irgend eine Gestalt vorkäme, eine geschickte Auswahl treffend, sie zu charakteristischer Bezeichnung anzuwenden und zu ordnen wisse. Dergleichen Behandlung erschien mir immer als eine Art von Mosaik, wo man einen fertigen Stift neben den andern setzt, um aus tausend Einzelheiten endlich den Schein eines Bildes hervorzubringen; und so war mir die Forderung in diesem Sinne gewissermaßen widerlich.

Sah ich nun aber auch die Notwendigkeit dieses Verfahrens ein, welches dahin zweckte sich durch Worte, nach allgemeiner Übereinkunft, über gewisse äußerliche Vorkommenheiten der Pflanzen zu verständigen, und alle schwer zu leistende und oft unsichere Pflanzenabbildungen entbehren zu können; so fand ich doch bei der versuchten genauen Anwendung die Hauptschwierigkeit in der Versatilität [Wandelbarkeit] der Organe. Wenn ich an demselben Pflanzenstenhel erst rundliche, dann eingekerbte, zuletzt beinahe gefiederte Blätter entdeckte, die sich alsdann wieder zusammenzogen, vereinfachten, zu Schüppchen wurden und zuletzt gar verschwanden, da verlor ich den Mut irgendwo einen Pfahl einzuschlagen, oder wohl gar eine Grenzlinie zu ziehen.

Unauflösbar schien mir die Aufgabe, Genera mit Sicherheit zu bezeichnen, ihnen die Spezies unterzuordnen. Wie es vorgeschrieben war las ich wohl, allein wie sollt ich eine treffende Bestimmung hoffen, da man bei Linnés Lebzeiten schon manche Geschlechter in sich getrennt und zersplittert, ja sogar Klassen aufgehoben hatte; woraus hervorzugehn schien; der genialste, scharfsichtigste Mann selbst habe die Natur nur en gros gewältigen und beherrschen können. Wurde nun dabei meine Ehrfurcht für ihn im geringsten nicht geschmälert, so mußte deshalb ein ganz eigener Konflikt entstehen, so mußte deshalb ein ganz eigener Konflikt entstehen, und man denke sich die Verlegenheit, in der sich ein autodidaktischer Tiro [sich selbst unterrichtender Schüler] abzumühen und durchzukämpfen hatte.

Ununterbrochen jedoch mußte ich meinen übrigen Lebensgang verfolgen, dessen Pflichten und Erholungen glücklicherweise meist in der freien Natur angewiesen waren. Hier drang sich nun dem unmittelbaren Anschauen gewaltig auf: wie jede Pflanze ihre Gelegenheit sucht, wie sie eine Lage fordert wo sie in Fülle und Freiheit erscheinen könne. Bergeshöhe, Talestiefe, Licht, Schatten, Trockenheit, Feuchte, Hitze, Wärme, Kälte, Frost und wie die Bedingungen alle heißen mögen! Geschlechter und Arten verlangen sie, um mit völliger Kraft und Menge hervorzusprießen. Zwar geben sie an gewissen Orten, bei manchen Gelegenheiten, der Natur nach, lassen sich als Varietät hinreißen, ohne jedoch das erworbene Recht an Gestalt und Eigenschaft völlig aufzugeben. Ahnungen hievon berührten mich in der freien Welt, und neue Klarheit schien mit aufzugehen über Gärten und Bücher.

Der Kenner, der sich in das Jahr 1786 zurückzuversetzen geneigt wäre, möchte sich wohl einen Begriff meines Zustandes ausbilden können, in welchem ich mich nun schon zehn Jahre befangen fühlte, ob es gleich selbst für den Psychologen eine Aufgabe bleiben würde, indem ja, bei dieser Darstellung, meine sämtlichen Obliegenheiten, Neigungen, Pflichten und Zerstreuungen aufzunehmen wären.

[Am 3. September 1786 begann mit der heimlichen Abreise aus Karlsbad Goethes erste italienische Reise, die bis zum 18. Juni 1788 dauern sollte; an diesem Tag kam er wieder in Weimar an.]

Hier gönne man mir eine ins Ganze greifende Bemerkung einzuschalten: daß alles was uns von Jugend auf umgab, jedoch nur oberflächlich bekannt war und blieb, stets etwas Gemeines und Triviales für uns behält, das wir als gleichgültig neben uns bestehend ansehen, worüber zu denken wir gewissermaß unfähig werden. Dagegen finden wir, daß neue Gegenstände in auffallender Mannigfaltigkeit, indem sie den Geist erregen, uns erfahren lassen daß wir eines reinen Enthusiasmus fähig sind; sie deuten auf ein Höheres, welches zu erlangen uns wohl gegönnt sein dürfte. Dies ist der eigentlichen Gewinn der Reisen, und jeder hat nach seiner Art und Weise genugsamen Vorteil davon. Das Bekannte wird neu durch unerwartete Bezüge, und erregt, mit neuen Gegenständen verknüpft, Aufmerksamkeit, Nachdenken und Urteil.

In diesem Sinne ward meine Richtung gegen die Natur, besonders gegen die Pflanzenwelt, bei einem schnellen Übergang über die Alpen lebhaft angeregt: Der Lärchenbaum, häufiger als sonst, die Zirbelnuß, eine neue Erscheinung, machten sogleich auf klimatischen Einfluß dringend aufmerksam. Andere Pflanzen, mehr oder weniger verändert, blieben bei eiligem Vorrüberrollen nicht unbemerkt. Am mehrsten aber erkannt ich die Fülle einer fremden Vegetation, als in den botanischen Garten von Padua hineintrat, wo mit eine hohe und breite Mauer mit feuerroten Glocken der Biognonia radicans zauberisch entgegen leuchtete. Ferner sah ich hier im Freien manchen selten Baum emporgewachsen, den ich nur in unsern Glashäusern überwintern gesehen. Auch die mit einer geringen Bedeckung gegen vorübergehenden Frost, während der strengern Jahreszeit, geschützten Pflanzen standen nun mehr im Freien und erfreuten sich der wohltätigen Himmelsluft. Eine Fächerplame zog meine ganze Aufmerksamkeit auf sich; glücklicherweise standen die einfachen, lanzenförmigen ersten Blätter noch am Bode, die sukzessive Trennung derselben nahm zu, bis endlich das Fächerartige in vollkommener Ausbildung zu sehen war. Aus einer spathagleichen Scheide [Hüllblatt kolbenförmiger Blütenstände] zuletzt trat ein Zweiglein mit Blüten hervor, und erschien als ein sonderbares, mit dem vorhergehenden Wachstum in keinem Verhältnis stehendes Erzeugnis, fremdartig und überraschend.

Auf mein Ersuchen schnitt mir der Gärtner die Stufenfolge dieser Veränderungen sämtlich ab, und ich belastete mich mit einigen großen Pappen, um diesen Fund mit mir zu führen. Sie liegen, wie ich sie damals mit genommen, noch wohlbehalten bei mir und ich verehre sie als Fetische, die meine Aufmerksamkeit zu erregen und zu fesseln völlig geeignet, mir eine gedeihliche Folge meiner Bemühungen zuzusagen schienen.

Zirbelnuss /Zirbelkiefer

Gemälde von Hendrik Voogd (1768-1839)

Zirbelkiefer (*Pinus cembra*) – nach Peter Simon Pallas (1784)

Die Zirbelkiefer ist eine den rauen Klimabedingungen angepasste, eurasische Kiefernart in den kontinentalen Klimabereichen der Zentralalpen. Sie kommt in Höhen zwischen 1600 und 2400 m (Einzelbäume bis zu 2750 m) vor. Zu den Charakteristika zählt in geschützter Lage die Ausbildung gerader Stämme mit einer kegelförmigen Krone. Die Bäume werden maximal 25 m hoch und können 700 Jahre alt werden. Die Zapfen stehen aufrecht, sind gedrungen eiförmig und zunächst violett, später zimtbraun gefärbt. Bei Kurtrieb bildet die Zirbelkiefer 5 relativ steife, dunkelgrüne Nadeln.

Fächerpalme

Arecales (Palmartige) stellen eine Ordnung mit nur einer Familie, den *Aracaceae* (Palmen) dar. Sie bilden meist tropische, unverzweigte Schopfbäume mit langgestiligen, sich sekundär, fiedrig oder *fächerartig* aufteilenden Blättern. In Europa kommt nur eine Art natürlich vor: *Chamerops humilis* (Zwergplame), eine mediterrane (im Südwesten) Fächerpalme. Eine weitere Fächerpalme, die in Südeuropa kultiviert wird, ist die HANFPALME (*Trachycarpus fortunei*), die aus Ostasien stammt:

Chinesische Hanfpalme (Botanica suisse)

Plantage mit Hanfpalmen (aus: wikipedia gemeinfrei)

Botanischer Garten in Padua

Er wurde 1545 als weltweit erster botanischer Garten von der Republik Venedig für die wissenschaftliche Lehre und Forschung an der Universität Padua (gegründet 1222) auf dem Gelände eines ehemaligen Benediktinerklosters angelegt. Der abgebildete Druck stammt aus dem 16. Jahrhundert. Die vier Tore aus dieser Zeit sind erhalten geblieben.

Ausschnitt aus einem Druck des 16. Jahrhunderts (s. besonders auch Tor unten)

Goethe ergänzte in seiner *Italienischen Reise* mit dem Datum 27. September 1786, dass der botanische Garten artig und munter gewesen und es sei erfreuend und belehrend, unter einer Vegetation umherzugehen, die uns fremd ist. »Bei gewohnten Pflanzen <...> denken wir zuletzt gar nichts; und was ist Beschauen ohne Denken? Hier in dieser neu mir entgegentretenden Mannigfaltigkeit wird jener Gedanke immer lebendiger: daß man sich alle Pflanzengestalten vielleicht aus Einer entwickeln könne. Hierdurch würde es allein möglich werden, Geschlechter und Arten wahrhaft zu bestimmen, welches, wie mich dünkt, bisher sehr willkürlich geschieht.« (zitiert aus dem Kommentar zu Goethes Morphologie von Dorothea Kuhn)

Biognonia radicans (Amerikanische Klettertrompete)

Tafel von Johan Karl Krauss (1802)

GOETHE verfasste über diese Pflanze auch einen eigenen Text:

„Als ich im September 1786 in dem botanischen Garten von Padua eine hohe und breite Mauer durchaus mit Bignonia radicans überzogen, und die Büschel hochgelbfarbiger kelchartiger Kronen-Blüten in unsäglichem Reichtum daran herunterhängen sah, machte dies einen solchen Eindruck auf mich, daß ich dieser Pflanze besonders gewogen blieb und, wo ich sie in botanischen Gärten antraf, in den Weimarschen Anlagen, wo sie mit Neigung gepflegt ward, auch im eigenen Garten immer mit besonderer Aufmerksamkeit betrachtete.

Es ist eine rankende Pflanze, welche sich ins Unendliche fortzusetzen die Neigung zu haben scheint, allein es gehen ihr die Organe ab, wodurch sie sich anschmiegen, anklammern, festhalten könnte. Wir nötigen sie daher durch Lattengerüste empor zu steigen, wo wir sie anbinden, aufrecht erhalten und sehr hoch zu steigen veranlassen können.

Auf diese Weise, die ich von jeher beobachtet gesehen, fuhr auch ich in meinen Pflanzungen fort und bemerkte, gewissermaßen mit Widerwillen, daß die neuen Zweiglein sich hinter die Latten, gegen die Mauer zogen, an diese sich andrängten, dadurch auch, gewissermaßen ungeschickt, die schönen Blumenbüschel in die Klemme brachten und dem Anschauenden, der sie überhängend bewundern wollte, das Vergnügen ihrer Gegenwart entzogen. Nach mancherlei Betrachtungen und Untersuchungen fand ich endlich Folgendes.

Nehm ich einen Zweig der Bignonia vor mich so seh ich daß ungleich gefiederte Blätter paarig aus demselben hervortreten, auf der Rückseite unter diesen zeigen sich drüsenartige Auswüchse, welche, bei mäßiger Vergrößerung, eine Traube an Gestalt ähneln. Die drei mittleren herabsteigenden Reihen von Beerchen oder Perlchen haben ungefähr fünfzehn, die folgenden weniger, wodurch denn eben das gedachte Traubengestaltige hervorgeberacht wird. Zwei solcher Organe stehen neben einander, wie gesagt, unter dem Blätterpaar an jedem Knoten an der hinteren Seite. Die Perlen dieser scheinbaren Traublein sind klar und schön in ihren Anfängen wie ich sie freilich nur ein einzigesmal fand, und zwar Ende August 1828. Deshalb denn im nächsten Frühjahr auf diese Erscheinung wird aufzumerken sein. Indessen versenkt ich sie in Spiritus, wo sie sich der Form nach erhalten, aber zugleich eine braune Farbe angenommen haben.

[...]“

Die von Goethe ausführlich beschriebene Pflanze wird heute botanisch als *Campsis radicans* innerhalb der Gattung *Bignoniaceae* (Trompetenbaumgewächse) und als bis zu 10 m große Liane beschrieben. Die Blütenfarbe variiert von gelb bis orange und ziegelrot.

Fortsetzung GOETHE:

Das Wechselhafte der Pflanzengestalten, dem ich längst auf seienm eigentümliche Gange gefolgt, erweckte nun bei mir zunehmend die Vorstellung: die uns umgebenden Pflanzenformen seien ursprünglich nicht determiniert und festgestellt, ihnen sei vielmehr, bei einer eigensinnigen, generischen und spezifischen Hartnäckigkeit, eine glückliche Mobilität und Biegsamkeit verliehen, um in so viele Bedingungen, die über dem Erdkreis auf sie einwirken, sich zu fügen und danach bilden und umbilden zu können.

Hier kommen die Verschiedenheiten des Bodens in Betracht; reichlich genährt durch Feuchte der Täler, verkümmert durch Trockne der Höhen, geschützt vor Frost und Hitze in jedem Maße, oder beiden unausweichbar bloßgestellt, kann das Geschlecht sich zur Art, die Art zur Varietät, und diese wieder durch andere Bedingungen ins Unendliche <sich> verändern; und gleichwohl hält sich die Pflanze abgeschlossen in ihrem Reiche, wenn sie sich auch nachbarlich an das harte Gestein, an das beweglichere Leben hüben und drüben anlehnt. Die allerentferntesten jedoch haben eine ausgesprochene Verwandtschaft, sie lassen sich ohne Zwang unter einander vergleichen.

Wie sie sich nun unter einen Begriff sammeln lassen, so wurde mir nach und nach klar und klärer, daß die Anschauung noch auf eine höhere Weise belegt werden könnte: eine Forderung, die mir damals unter der sinnlichen Form eine übersinnlichen Urpflanze vorschwebt. Ich ging allen Gestalten, wie sie mi vorkamen, in ihren Veränderungen nach, und so leuchtete mir am letzten Ziel meiner Reise, in Sizilien die *ursprüngliche Identität* aller Pflanzenteile vollkommen ein, und ich suchte diese nunmehr überall zu verfolgen und wieder gewahr zu werden.

Auf der *Italienischen Reise* ist diese Erkenntnis und Idee einer *URPFLANZE* im Botanischen Garten von Palermo im April 1787 entstanden – basierend auf der Erkenntnis des *Prinzips der ursprünglichen Identität aller Pflanzenteile.*

Abbildung des Botanischen Gartens in Palermo im 19. Jahrhundert

Der Botanische Garten in Palermo ist 1779 als kleine Anlage von der *Academia Dei Regi Studi* in Verbindung mit der Einrichtung eines Lehrstuhls für Botanik und Medizin eingerichtet worden. 1786 wurde sie an den größeren jetzigen Standort neben der damals schon bestehenden Villa Giulia, auch Villa Flora (mit einem Park) genannt, außerhalb der damaligen Stadtmauern verlegt. Goethe besuchte sowohl den im Entstehen begriffenen botanischen Garten als auch den Park der Villa Giulia.

In seiner *Italienischen Reise* trug er im September 1787 dem Schriftsteller Karl Philipp MORITZ (1756-1793) in Rom seine Grundgedanken zur *Metamorphose der Pflanzen* vor.

Zur URPFLANZE

Seine Vorstellungen von dem Modell, als ideelles Urbild aller Pflanzen, einer URPFLANZE formuliert er u.a. in einem Brief an Charlotte von Stein vom 8. Juni 1787:

Die Urpflanze wird das wunderlichste Geschöpf von der Welt über welches mich die Natur selbst beneiden soll. Mit diesem Modell und dem Schlüßel dazu, kann man alsdann noch Pflanzen ins unendlich erfinden, die konsequent seyn müßten, das heißt: die, wenn sie auch nicht existiren, doch existiren könnten und [...] *eine innerlich Wahrheit und Nothwendigkeit haben...*

Goethe hatte bereits auf seiner Italienreise die Erkenntnis gewonnen, dass alle Organe einer Pflanze von den Keimblättern (Kotyledonen) bis zu Blüte und Frucht als stufenweise Umwandlungen des *Blattes*, als eine Metamorphose, zu verstehen sind.

1982 veröffentlichte der Paläontologe Oskar KUHN (1908-1990) in der Zeitschrift SPIXIANA (Suppl. 8 vom 1. Juli – Zeitschrift für Zoologie, München) seinen Aufsatz über „Goethes Naturforschung“ mit dem 3. Kapitel über „Die botanischen Studien Goethes und die Urpflanze“.

Er bezieht sich vor allem auf Wilhelm TROLL (1897-1978; Prof. in Mainz), dem er bescheinigt, dass erst dieser Botaniker Goethes *„morphologischen Auftrag“* ganz erfüllt habe. Außerdem nennt er auch den Botaniker Julius SACHS (1832-1897; Begründer der experimenteller Pflanzenphysiologie, Hochschullehrer in Bonn, Freiburg und Würzburg)

Kuhn stellt fest:

„Goethes botanische Studien gehen von der Lektüre Linnés aus, wobei er auch das System und die botanische Kunstsprache kennenlernte. Doch er empfand Linnés System als eine *‚Art Mosaik, wo man einen Stift dicht neben den anderen setzt, um aus tausend Einzelheiten den Schein eines Bildes hervorzubringen'*. Auf der italienische Reise tauchte bei Goethe zum ersten Mal deutlich der Gedanke auf, *‚daß man alle Pflanzengestalten vielleicht aus einer entwickeln könne'*.

Kuhn zitiert zunächst daran anschließend den oben angeführten Ausschnitt aus dem Brief an Charlotte von Stein und fährt fort:

„Goethe spricht auch von einer *‚allgemeinen Formel'*, die auf alle Pflanzen anwendbar sei, womit man ein gewisses dynamisches Moment feststellt (...). Er spricht *‚über die Gesetze der Organisation überhaupt, insofern wir sie bei Konstruktion des Typus vor Augen haben sollen'.* (...)"

Kuhn stellt fest, das Wort *Morphologie* soll nach Goethe *‚die Lehre von der Gestaltung, der Bildung und Umbildung der organischen Körper enthalten.'.* (...)

Auch Linnés große Leistungen in der Pflanzenmorphologie erkannte Goethe ausdrücklich an: *‚Die geheime Verwandtschaft der verschiedenen äußeren Pflanzenteile, als der Blätter, des Kelchs, der Staubfäden, welche sich nacheinander und gleichsam auseinander entwickeln, ist von den Forschern im allgemeinen längst erkannt, ja auch besonders bearbeitet worden, und man hat die Wirkung, wodurch ein und dasselbe Organ sich uns mannigfaltig verändert sehen läßt, die Metamorphose der Pflanzen genannt.'* Er bedauerte die zunächst deskriptiv unterscheidene und rein empirische Behandlung des Gegenstandes und war enttäuscht darüber, daß die Beobachtungen *‚einzeln'* blieben."

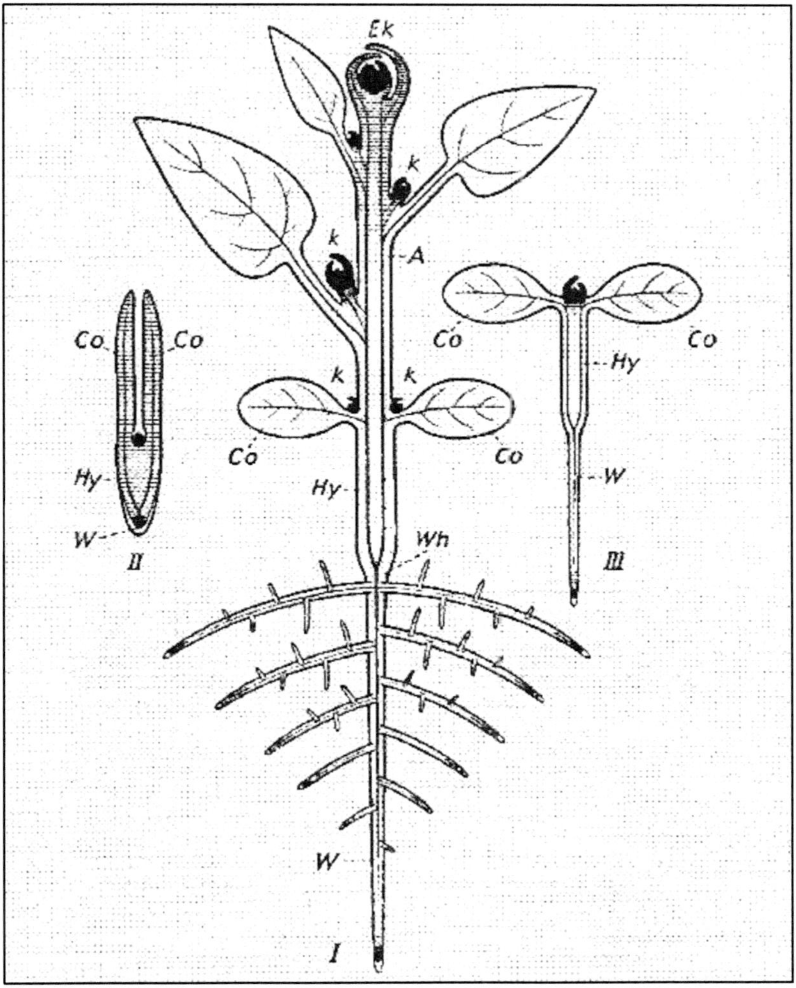

Abb. 3 (aus COHN)

Schema der Urpflanze (nach SACHS, verändert und erweitert, aus W. TROLL 1959) „**A** Achsenkörper (Primärachse), der sich unten in der Primärwurzel **W** fortsetzt. Die Grenze zwischen beiden bildet der Wurzelhals **Wh**. **Hy** Keimachse (Hypocotyl); **Ek** Endknospe; **k** Seitenknospen (Achselknospen), **Co** Keimblätter (Cotyledonen), **II** Embryo mit Keimachse (Hypocotyl, **Hy**), Keimblättern **Co** und Radicula **W**. Dieser gegenüber zwischen den Keimblättern der Sproßvegetationspunkt. **III** Keimpflanze, aus der Fortentwicklung eines Embryos hervorgegangen. Die Cotyledonen haben sich entfaltet, die Wurzelanlage hat sich in die Primärwurzel **W** verlängert. Wachsende Teile dunkel, Vegetationspunkte schwarz gehalten."

Julius SACHS veröffentlichte auch eine „Geschichte der Botanik vom 16. Jahrhundert bis 1860" (München 1875 – digitalisiert), in dessen viertem Kapitel „Die Morphologie unter dem Einfluß der Metamorphosenlehre und der Spiraltheorie 1790-1850" auf Goethes Schriften kritisch eingegangen wird.

Die Erläuterung zur Abbildung von O. KUHN lautet:

„Wie Abb. 3 zeigt, besteht jede Blütenpflanze aus drei Arten von Organen, den sogenannten Grundorganen, ob es sich nun um eine Kaktee, eine Wasserlinse, eine Getreideart, eine Schlüsselblume oder Orchidee handelt. Das Gerüst der ganzen Organisation bildet die Sproßachse, dazu kommen die Wurzeln und als drittes Grundorgan die Blätter. Sproßachse, Blatt und Wurzel sind demnach die drei am Aufbau der Blütenpflanzen beteiligten Grundorgane..."

Und Abbildung 4 zeigt daran anschließend die „Ableitung der Kakteenform aus dem urpflanzlichen Schema" – Nach W. TROLL 1937.

Und KUHN meint; „Die Wirkung, ‚*wodurch ein und dasselbe Organ sich uns mannigfaltig verändert sehen läßt*', nannte Goethe Metamorphose (1790 erschien seine Schrift ‚*Versuche die Metamorphose der Pflanzen zu erklären*'). Goethe wollte, wie Troll hervorhebt, mit dem damals schon bekannten Wort lediglich eine Bedeutung und Zurechtlegung der betreffenden Erscheinungen geben..."

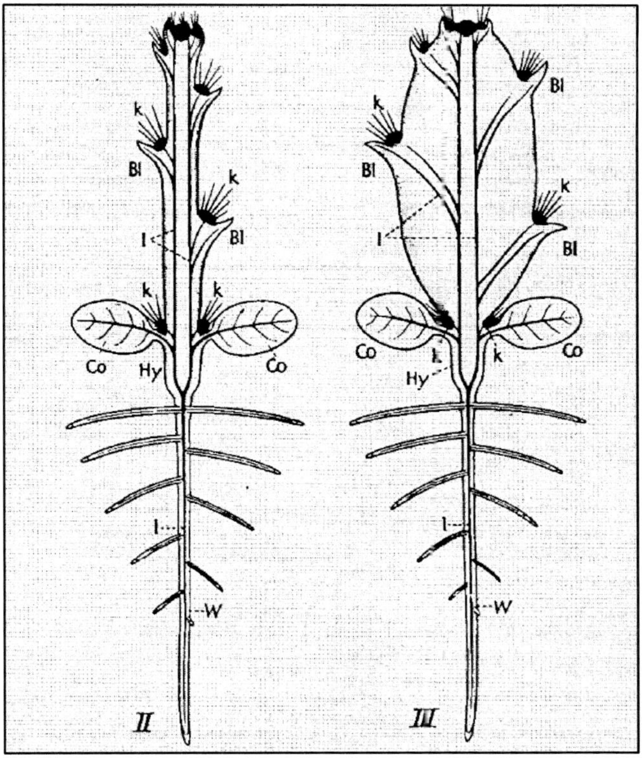

Abb. 4: Ableitung der Kakteenform aus dem urpflanzlichen Schema. **W** Hauptwurzel, **H** Hypokotyl, **Co** Kotyledonen, **b** Blattrudimente, **k** Knospen in deren Achseln (Areolen), **k'** Kotyledonarknospen, **l** Leitstränge in Sproß und Wurzel. Nach W. TROLL 1937.
(W. Troll: Vergleichende Morphologie der höheren Pflanzen, Band 1, 1937)

Goethes Urpflanze in der Darstellung von TURPIN

Der französische Botaniker und Pflanzenmaler Jean Pierre Francois TURPIN (1775-1840) stellte Goethes Urpflanze wie folgt dar:

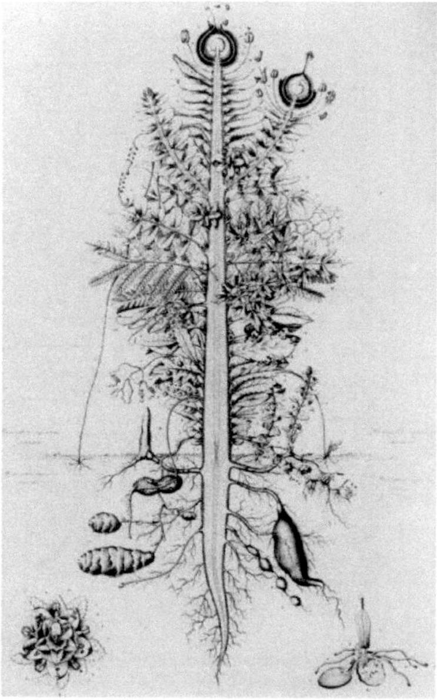

Goethes Urpflanze nach TURPIN – Holzschnitt 1837

TURPIN gilt als einer der bedeutendsten Pflanzenmaler seiner Zeit. Er war 1791 als Soldat in Haiti stationiert und lernte dort den Botaniker Pierre Antoine Poiteau (1766-1854; auch Pomologe, Gärtner und Zeichner) kennen, dessen Pflanzenfunde er in Zeichungen darstellte. Für das amerikanische Reisewerk von Alexander von Humboldt und Aimé Bopland schuf er fast 900 Abbildungstafeln. Ihm zu Ehren wurde eine Gattung aus der Pflanzenfamilie der Pimpernussgewächse *Turpinia* genannt.

Seine Darstellung zu der Idee von Goethes Urpflanze macht jedoch eher eine verwirrenden Eindruck. In der Klassiker-Ausgabe „Goethes Schriften zur Morphologie" von Dorothea KUHN (1923-2015; Wissenschaftshistorikerin und Goethe-Forscherin; leitete von 1962 bis 1981 das Cotta-Archiv im Schiller-Nationalmuseum in Marbach) ist dazu zu lesen (S. 1206):

„Turpin hat (...) für eine Ausgabe von Goethes naturwissenschaftlichen Schriften (...) [Paris 1837] auf einer der zugehörigen Tafeln den »Végétal type ideal« dargestellt, aber gewiß nicht in Goethes Sinn, denn es ist eine Pflanze, an der alle vegetabilen Gestaltungsmöglichkeiten, Blatt-, Sproß-, Wurzel- und Blütenformen, angebracht sind, woraus sich ein wahres Monster ergibt."

Fortsetzung GOETHE:

Hieraus entstand nun eine Neigung, eine Leidenschaft, die durch alle notwendigen und willkürlichen Geschäfte und Beschäftigungen auf meiner Rückreise durchzog. Wer an sich erfuhr was ein reichhaltiger Gedanke, sei er nun aus uns selbst entsprungen, sei er von andern mitgeteilt oder eingeimpft, zu sagen hat, muß gestehen, welch eine leidenschaftliche Bewegung in unserem Geiste hervorgebracht werde, wie wir uns begeistert fühlen, indem wir alles dasjenige in Gesamtheit vorausahnen, was in der Folge sich mehr und mehr entwickeln, wozu das Entwickelte weiter führen solle. Und so wird man mir zugeben, daß ich von einem solchen Gewahrwerden, wie von einer Leidenschaft, eingenommen und getrieben, mich, wo ich nicht ausschließlich doch durch alles übrige Leben hindurch, damit beschäftigen mußte.

So sehr nun aber auch diese Neigung mich innerlichst ergriffen hatte, so war doch an kein geregeltes Studium nach meiner Rückkehr in Rom zu denken; Poesie, Kunst und Altertum, jedes forderte mich gewissermaßen ganz, und ich habe in meinen Leben nicht leicht operosere, [d.h.] mühsamer beschäftigte Tage zugebracht. Männern vom Fach wird es vielleicht gar zu naiv vorkommen, wenn ich erzähle, wie ich tagtäglich, in einem jeden Garten, auf Spaziergängen, kleinen Lustfahrten, mich der neben mir bemerkten

Pflanzen bemächtigte, Besonders bei der eintretenden Samenreif war es mir wichtig die Art zu beobachten, wie manche derselben der Erde anvertraut, an das Tageslicht wieder hervortraten. So wendete ich meine Aufmerksamkeit auf das Keimen der während ihres Wachstums unförmigen Cactus opuntia, und sah mit Vergnügen, daß sie unschuldig dikotyledonisch sich in zwei zarten Blättchen enthüllte, sodann aber, bei fernerem Wuchse, die künftige Unform entwickelte.

Mit *Cactus opuntia* ist eine Pflanzengattung aus der Familie der Kakteengewächse gemeint – der *Opuntien.* In Goethes Notizen aus Italien befinden sich dazu ein Text und auch eine Zeichnung:

„Der Kaktus ist würklich dikotyledon wie man aus vorstehender Zeichnung sieht. [s.u.]

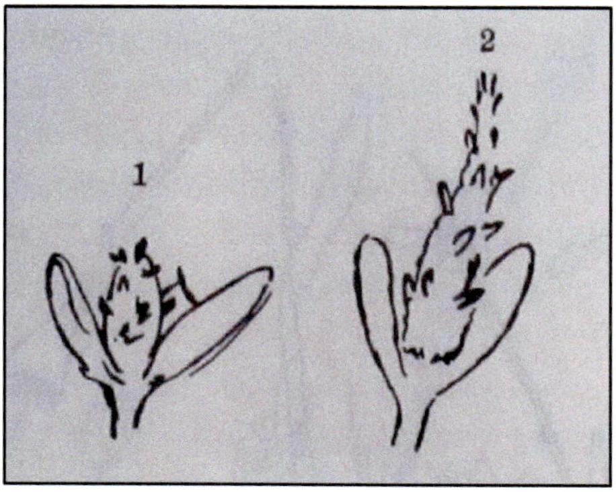

Goethes Zeichnung

Cactus puntia
(Pierre-Josef Redouté 1802)

Gleich nach den Kotyledonen entwickelt sich ein ovaler Körper der die künftige Gestalt der Pflanzen Teile schon anzeigt No. 1. Aus diesem ovalen

Körper kommen kleine Spitzchen in regelmäßiger Entfernung hervor und zarte Stacheln treiben aus demselben Punkte. Dieser Ovale Körper ist nichts anders als ein sehr ausgebildeter Stiel der die Blätter aufhebt (d.h. ihnen die Kraft entzieht sich zu entwickeln). Ich ließ die Pflanzen in der Stube stehen und da die heiße Sonne sie nicht mehr traf, wurden sie länglich und zeigten sich stielartig.

Dadurch erklärt sich die eine Spezies Cactus woran sich der Stiel ordentlich zeigt und die Blätter sich entwickeln.

Die Frucht des Kaktus ist eine aufgeschwollenes sogenanntes großes Blatt. Es wäre höchst interessant, eine genau zu anatomisieren und mit dem grünen Blatt zu vergleichen."

Fortsetzung „Geschichte der botanischen Studien":

Auch mit Samenkapseln begegnete mir etwas Auffallendes. Ich hatte derselben mehrere von Acanthus mollis nach Hause getragen und in einem offnen Kästchen niedergelegt; nun geschah es in einer Nacht, daß ich ein Knistern hörte und bald darauf das Umherspringen an Decke und Wände wie von kleinen Körpern. Ich erklärte mirs nicht gleich, fand aber nachher meine Schoten aufgesprungen und die Samen umher zerstreut. Das Trockne des Zimmers hatte die Reife bis zu solcher Elastizität in wenigen Tagen vollendet.

Mit *Acanthus* wird der BÄRENKLAU, mit *Acanthus mollis* nach Linné der *Pracht-Akanthus* oder der *Wahre* bzw. *Weiche Bärenklau* bezeichnet.

Acantus mollis (aus: Hortus Romanus 1772)

Samen und Früchte

Unter den vielen Samen, die ich auf diese Weise beobachtete, muß ich einiger noch erwähnen, weil sie zu meinem Andenken kürzer oder länger in dem alten Rom fortwuchsen. Pinienkerne gingen gar merkwürdig auf, sie huben sich wie in einem Ei eingeschlossen, empor, warfen aber diese Haube bald ab und zeigten in einem Kranze von grünen Nadeln schon die Anfänge ihrer künftigen Bestimmung. Vor meiner Abreise pflanzte ich das schon einigermaßen erwachsene Vorbildchen eines künftigen Baumes in der Garten der Mad. *Angelika,* wo es zu einer ansehnlichen Höhe, durch manche Jahre gedieh. Teilnehmende Reisende erzählten mir davon zu wechselseitigem Vergnügen. Leider fand der nach ihrem Ablegen eintretende Besitzer es wunderlich, auf seinen Blumenbeeten eine Pinie ganz unörtlich hervorgewachsen zu sehen und verbannte sie sogleich.

Pinus pinea (James Forbes: Catalogue of conifereous plants 1839)

In seiner *Italienischen Reise* berichtete Goethe (April 1788), dass er in den Garten der Malerin Angelika KAUFFMANN (1741-1807) in Rom eine Pinie gepflanzt habe. Mit der *erhabene Reisende* und spätere Besitzer der Villa Malta (oberhalb der Spanischen Treppe am Pincio-Hügel) ist offensichtlich König Ludwig I. von Bayern gemeint, der Goethe am 17.8.1829 über die Palme berichtete.

Angelika Kauffmann (Selbstporträt 1784) Goethe, gemalt von A. Kauffmann 1787

„erhabene Reisende“ König Ludwig I. von Bayern (Gemälde von Josef Karl Stieler 1826)

Fortsetzung GOETHE:
Glücklicher waren einige Dattelpalmen, die ich aus Kernen gezogen hatte; wie ich denn überhaupt die Entwickelung derselben an mehreren Exemplaren beobachtete. Ich übergab sie einem römischen Freunde, der sie in einen Garten pflanzte, wo sie noch gedeihen, wie mir ein erhabener Reisender zu versichern die Gnade hatte. Sie sind bis zur Manneshöhe herangewachsen. Mögen sie dem Besitzer nicht unbequem werden, und fernerhin fortwachen und gedeihen.

Lithographie Dattelpalmen (*Phoenix dactylifera)* links aus: Otto Schmeil, Leitfaden der Botanik, 18. Aufl, Leipzig 1908.

Galt das Bisherige der Fortpflanzung durch Samen, so ward ich auf die Fortpflanzung durch Augen nicht weniger aufmerksam gemacht, und zwar den Rat *Reiffenstein*, der auf allen Spaziergängen, hier und dort einen Zweig abreißend, bis zur Pedanterie behauptete: in die Erde gesteckt müsse jeder sogleich fortwachsen. Zum entscheidenden Beweis zeigte er dergleichen Stecklingen gar wohl angeschlagen in seinem Garten. Und wie bedeutend ist nicht in der Folgezeit eine solche allgemein versuchte Vermehrung für die botanisch-markantile Gärntnerei geworden, die ich ihm wohl zu erleben gewünscht hätte.

Johann Friedrich REIFFENSTEIN (1719-1793) –
gemalt von Angelika Kauffmann nach 1762

REIFFENSTEIN wurde in Ragnit (Ostpreußen, russisch Oblast Kaliningrad) geboren, studierte Rechtswissenschaft in Königsberg und kam als Begleiter eines Grafensohnes nach Rom, wo er sich 1767 in einer Wohnung im Erdgeschoss des Palazzo Zuccari (heute Bibliotheca Herziana) niederließ. Vom Grafen Iwan Iwanowitsch Schuwalow (1727-1797), Favorit der Kaiserin Elisabeth von Russland, Begründer der Universität Moskau, wurde Reiffenstein 1768 zum Agenten (Vertreter) der St. Petersburger Akademie in Rom und von Herzog Ernst II. von Sachsen-Gotha-Altenburg 1772 zum Kunstagenten ernannt. Reiffenstein bereicherte durch Lieferungen von Gipsabdrücken und Korkmodellen klassischer Architekturdenkmäler die Sammlung in St. Petersburg und im Schloss Friedenstein in Gotha. Er wird als zeitweiser Begleiter (Cicerone) Goethes bezeichnet.
Goethe wohnte ab 1787 für fast ein Jahr im Haus des Malers Johann Heinrich Wilhelm TISCHBEIN (genannt *Goethe-Tischbein*; 1751-1829), heute Museum *Casa di Goethe* in der Via del Corso Nr. 18). Reiffenstein gilt als eine Art höherer Kunst-Cicerone für vornehme Leute und wirkte auch selbst als Maler.

Fortsetzung GOETHE:

An auffallendsten war mir jedoch ein strauchartig in die Höhe wachsender Nelkenstock. Man kennt die gewaltige Lebens- und Vermehrungskraft dieser Pflanze; Auge ist über Auge an ihren Zweigen gedrängt, Knoten in Knoten hineingetrichtert; dieser war nun hier durch Dauer gesteigert und die Augen aus unerforschlicher Enge zur höchst möglichen Entwickelung getrieben, so daß die vollendete Blume wieder vier vollendete Blumen aus ihrem Busen hervorbrachte.

Zur Aufbewahrung dieser Wundergestalt kein Mittel vor mir sehend, übernahm ich es sie genau zu zeichnen, wobei ich immer zu mehrerer Einsicht in den Grundbegriff der Metamorphose gelangte. Allein die Zerstreuung durch so vielerlei Obliegenheiten war nur desto hinderlicher und mein Aufenthalt in Rom, dessen Ende ich voraussah, immer peinlicher und belasteter.

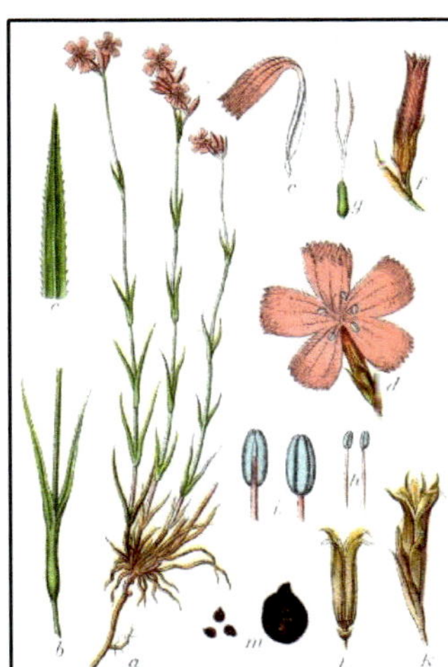

Dianthus carthusianorum (Kartäuser-Nelke) – Illustration von Jacob Sturm 1796)

GOETHE:
Auf der Rückreise verfolgte ich unablässig diese Gedanken, ich ordnete mir im stillen Sinne einen annehmlichen Vortrag dieser meiner Ansichten, schrieb ihn bald nach meiner Rückkehr nieder und ließ ihn drucken. Er kam 1790 heraus und ich hatte die Absicht bald eine weitere Erläuterung mit den nötigen Abbildungen nachfolgen zu lassen. Das fortrauschende Leben jedoch unterbrach und hinderte meine guten Absichten, daher ich denn gegenwärtiger Veranlassung des Wiederabdrucks jenes Versuchs mich um so mehr zu erfreuen habe, als sie mich auffordert mancher Teilnahme an diesen schönen Studien seit vierzig Jahren zu gedenken.
Nachdem ich im Vorstehenden, soviel nur möglich war, anschaulich zu machen gesucht habe, wie ich in meinen botanischen Studien verfahren, auf die ich geleitet, getrieben, genötigt und, durch Neigung daran festgehalten, einen bedeutenden Teil meiner Lebenstage verwendet; so möchte doch vielleicht der Fall eintreten daß irgend ein sonst wohlwollender Leser hiebei tadeln könnte: als habe ich mich zu viel und zu lange bei Kleinigkeiten und einzelnen Persönlichkeiten aufgehalten; deshalb wünsche ich denn hier zu erklären, daß dieses absichtlich und nicht ohne Vorbedacht geschehen sei, damit mir nach so vielem Besondern, einiges Allgemeine beizubringen erlaubt sein möge.
Seit länger als einem halben Jahrhundert kennt man mich, im Vaterlande und auch wohl auswärts, als Dichter und läßt mich allenfalls für einen solchen gelten; daß ich aber mit großer Aufmerksamkeit mich um die Natur in ihrer allgemeinen physischen und ihren organischen Phänomenen, emsig bemüht und ernstlich angestellte Betrachtungen stetig und leidenschaftlich im stillen verfolgt, dieses ist nicht so allgemein bekannt noch weniger mit Aufmerksamkeit bedacht worden.
Als daher mein seit vierzig Jahren in deutscher Sprache abgedruckter Versuch: wie man die *Gesetze der Pflanzenbildung* sich geistreich vorzustellen habe, nunmehr besonders in der Schweiz und Frankreich näher bekannt wurde; so konnte man sich nicht genug verwundern wie ein Poet, der sich

bloß mit sittlichen, dem Gefühl und der Einbildungskraft anheim gegebenen Phänomenen gewöhnlich befasse, sich einen Augenblick von seinem Wege abwenden und, in flüchtigem Vorübergehen, eine solche bedeutende Entdeckung habe gewinnen können.
Diesem Vorurteil zu begegnen, ist eigentlich vorstehender Aufsatz verfaßt; er soll anschaulich machen: wie ich Gelegenheit gefunden einen großen Teil meines Lebens mit Neigung und Leidenschaft auf Naturstudien zu verwenden.
Nicht also durch eine außerordentliche Gabe des Geistes, nicht durch eine momentane Inspiration, noch unvermutet und auf einmal, sondern durch ein folgerechtes Bemühen bin ich endlich zu einem so erfreulichen Resultate gelangt.
Zwar hätte ich gar wohl der hohen Ehre, die man meiner Sagazität [Fähigkeit eines durchdringenden Verstandes] erweisen wollen, ruhig genießen und mich allenfalls damit brüsten können; da es aber im Verfolg wissenschaftlichen Bestrebens, gleich schädlich ist, ausschließlich der Erfahrung als unbedingt der Idee zu gehorchen, so habe ich für meine Schuldigkeit gehalten das Ereignis, wie es mit begegnet, historisch treu, obgleich nicht in aller Ausführlichkeit, ernsten Forschern darzulegen.

Der Botaniker Ferdinand Julius COHN
über *Goethe als Botaniker*

In der erste Auflage (1882) und in der zweiten Auflage (Band 1) seiner „Vorträge aus dem Gebiet der Botanik“ unter dem Titel DIE PFLANZE (1. Aufl. 1882 – S. 23-64) widmet der Botaniker und Mikrobiologe dem Dichter ein eigenes Kapitel mit folgendem Inhalt:

Goethes Bedeutung für die gesammte moderne Kultur; G. als Naturforscher, erste Anregungen zur Beobachtung der Pflanzen; G.s Garten in Weimar; Einwirkung Linnés auf G.; G.s Reise nach Karlsbad 1785; Friedr. Gottl. Diedtrich; erste Skizze der Metamorphosenlehre; italienische Reise; botanischer Garten von Padua; die Schrift „Metamorphose der Pflanzen“; Mißerfolg des Buches; Uebergang vom Linnéschen zum natürlichen System; pflanzenphysiologische Versuche; Einrichtung des botanischen Instituts und Museums in Jena; Beziehungen zu Alexander von Humboldt; „Zur Morphologie“; Darstellung der Metamorphosenlehre; Kaspar Friedrich Wolff; G. als Vorläufer von Darwin; die Urpflanze; Verstäubung, Verdunstung, Vertropfung; G.s Interesse für Botanik auch in seinen späteren Lebensjahren; Goethea; *Vertikal- und Spiraltendenz bei den Pflanzen; Einfluß der Beschäftigung G.s mit der Botanik auf seinen Dichtungen; Marianne von Willemer; Kastanie, Gingko und Sproßblatt; G.über die Aufgabe der Naturforschung. – Erläuterungen.*

Ferdinand Julius COHN (1828-1898) studierte zunächst in Breslau ab 1844 Naturwissenschaften, insbesondere Botanik. Da er an der Universität wegen seiner jüdischen Herkunft nicht promovieren konnte, wechselte an die Universität in Berlin, wurde Schüler von dem Chemiker Eilhard Mitscherlich, promovierte dort 1847 und wurde 1851 Privatdozent an der Universität Breslau. 1859 erhielt er eine außerordentliche, 1872 eine o. Professur, wurde Direktor des Botanischen Museums der Universität und gründet 1886 das pflanzenphysiologische Institut. Er gehört zu den Begründern der modernen Bakteriologie. Auf ihn soll auch die Bezeichnung *Bazillus* zurückgehen.

Aus seiner ausführlichen Darstellung über *Goethe als Botaniker* sollen im Folgenden einige, Goethes Geschichte der botanischen Studien ergänzende Abschnitte zitiert werden.

Goethes Gartenhaus im Ilmpark – Georg Melchior Kraus 1777

Goethes Garten

„Eine reiche Quelle zur Beobachtung der Pflanzen gewährte ihm der Garten, den er als Geschenk seiner Herzogs am 16. April 1776 in Besitz nimmt; es war ein Grundstück, wie es der jüngere Plinius [Onkel des Naturforschers, gest. um 113 n. Chr., Anwalt und Senator in Rom] für seinen Freund, den Geschichtsschreiber Suetonius [um 70 bis nach 122 n. Chr.] gesucht: ‚ein rechter Gelehrtengarten, nahe genug der Stadt, um ihn leicht erreichen zu können, und doch entfernt genug, um dem Staub und Lärm zu entgehen; groß genug, um den Besitzer zu zerstreue, doch zu klein, um ihn zu absorbiren, soviel Land als erforderlich, damit das Auge sich erquicke, der Geist sich ausruhe, soviel Wege, als für einen Spaziergang nöthig, und soviel Bäume, daß man sie mit Bequemlichkeit zählen kann.'

Wenn man vom Schloß von Weimar kommend auf der hohen Sternbrücke die Ilm überschreitet, so gelangt man zu einem freien Platz, dem Stern, in dessen Nähe gegen den Abhang des Ilmthales der Goethe'sche Garten aufsteigt; unten erhebt sich das einfache Gartenhaus, dessen erstes Stockwerk von Schlingpflanzen, Geisblatt und gefüllter Waldrebe umrankt ist:

Uebermüthig sieht's nicht aus,
Hohes Dach und niedres Haus;
Allen, die daselbst verkehrt,
Ward ein guter Muth bescheert.
Grüner Bäume dichter Flor,
Selbstgepflanzter, wuchs davor;
Geistig ging zugleich alldort
Schaffen, Hegen, Wachsen fort.

schrieb Goethe, 50 Jahre später (1827). Auf der Höhe des Berggarten befindet sich eine Laube, von Gesträuch und hohen schattenreichen Bäumen umgeben, mit Gartenmöbeln versehen, von der man eine anmuthige Aussicht genießt. (...)

Mit der naiven Freude eines kindlichen Gemüths genießt Goethe das Glück seines Besitzhums; am 17. März 1777 wird der Grundstein des Hauses gelegt, am 3. Mai schon sitzt er auf seinem Altan und ‚entschlummert draußen unter Blitz, Donner und Regen so herrlich, daß ihm das Bett fatal wird'; so oft er er erwacht, ‚um 12, 2, 4, jedesmal neue Herrlichkeit des Himmels um ihn.' Schon im April sendet er an Charlotte v. Stein, an die sein ganzes Sinnen und Denken gerichtet ist, die ersten Blumen – und die ersten Spargel, im Mai die ersten Rosen, im Juni die ersten Erdbeeren und so fort von Jahr zu Jahre. Treulich fühlt er von seinem Garten aus allen Veränderungen des Erdlebens mit; selbst bei Frost und Nacht findet er sein Revier unendlich schön, weit bei der ersten Witterung von Frühlingsluft um seine Bäume, fühlt ihr Gedeihen vor, schreibt an die Thür seines Hauses: ‚Gebe uns der Himmel den Genuß davon und stäube allen Hofe- und Actenstaub von uns weg.' Als er 1782 in sein vornehmes Stadthaus übersiedelt und ihm Jemand den Garten abkaufen will, geht er (8. Juli) noch einmal hinaus: ‚jedes Rose sagte zu mir und Du willst mich weggeben? In dem Augenblick fühlte ich, daß ich diese Wohnung des Friedens nicht entbehren könne.'

Leidenschaft für die Botanik – vor der Reise nach Italien

„In den Jahren 1785 und 1786 giebt sich Goethe der Botanik mit täglich wachsender Leidenschaft hin, mit wahrem Proselyteneifer [Proselyt: Neubekehrter] sucht er seine ganze Umgebung dafür zu interessiren. Unter seiner Anregung bildet sich der Herzog zum eifrigen Gartenliebhaber, allmählich zum kenntnisreichen Botaniker aus, der in den Gewächshäusern von Belvedere die größten Seltenheiten der ausländischen Flora, in seiner Bibliothek die kostbarsten Werke der botanischen Litteratur versammelt du allen Einzelheiten persönlichen Antheil nimmt. Herder und Knebel werden von Goethe als Vertraute in seine botanischen Grübeleien eingeweiht. Charlotte v. Stein, die angebetete, feinfühlende Gefährtin all seines Dichtens und Trachtens, muß sich, wenn gleich mit sichtlichem Widerstreben, auch für diese Studien begeistern; auch in der Botanik ist Eros sein Lehrmeister. Schon 1779 hatte sie mit ihm den Buffon, im November 1784 den Spinoza und zwar lateinisch lesen müssen, im Januar werden zwei Mikroskope angeschafft, eins für Goethe, eins für Charlotte, nun wird das ganze Jahr hindurch aufs Eifrigste gemeinsam mikroskopirt, vorzugsweise Infusorien beobachtet. Auch die botanischen Studien werden mehr und mehr systematisch betrieben, im März 1785 werden Cocosnüsse secirt und Keimversuche mit allerhand Samen angestellt. Schon am 8. April meldet Goethe an Merk ‚ich habe in der Botanik hübsche Entdeckungen und Combinationen gemacht', er beabsichtigt dieselben in einer kleinen Abhandlung für Knebel zu Papier zu bringen; am 14. April geht er nach Belvedere ‚um seine botanischen Augen und Sinne zu weiden'. (...)"

HISTOIRE
NATURELLE,
GÉNÉRALE ET PARTICULIÈRE,
AVEC LA DESCRIPTION
DU CABINET DU ROI.
Tome Dixième.
A PARIS,
DE L'IMPRIMERIE ROYALE.
M. DCCLXIII.

Georges-Louis Leclerc de BUFFON (1707-1788) und sein Werk *Histoire naturelle* von 1763 (mit einer Tafel als Beispiel)

Bereits auf seiner Reise im Sommer 1785 nach Karlsbad (s. S. 28ff) entwickelte Goethe „in gedankenreichen Gesprächen (...) seien schönen Zuhörerinnen die Elemente seiner Metamorphosenlehre, die allmählich immer klarer und bestimmter sich in seinem Geiste ausbildet."

COHN:

„Nun läßt die Botanik ihm keine Ruhe mehr; im Herbst 1785 wagt er sich bereits in das Reiche der Kryptogamen, studirt Moose und Schwämme, Flechten und Algen; im November schickt er von Ilmenau an Charlotte ‚vom allerschönsten Moos das artigste und beste Stückchen; wahrscheinlich sind die Tellerchen eine Art Befruchtung; große eßbare Schwämme', fügt er hinzu, bring' ich getrocknet mit, Du siehst, in welchen Klassen der Vegetation ich hier lebe. Ich habe Linne's botanische Philosophie bei mir, ich hoffe, sie in dieser Einsamkeit endlich einmal in der Folge zu lesen, bisher habe ich immer nur so davon gekostet.‘ Und am 9. November: ‚Ich lese im Linné fort, ich muß wohl, ich habe kein anderes Buch bei mir, es ist die beste Art, ein Buch gewissenhaft zu lesen, doch ich öfter praktiziren muß, da ich nicht leicht ein Buch auslese; das ist nicht zum Lesen, sondern zur Recapitulation gemacht und thut mir die trefflichsten Dienste, da ich über die meisten Punkte selbst gedacht habe.“

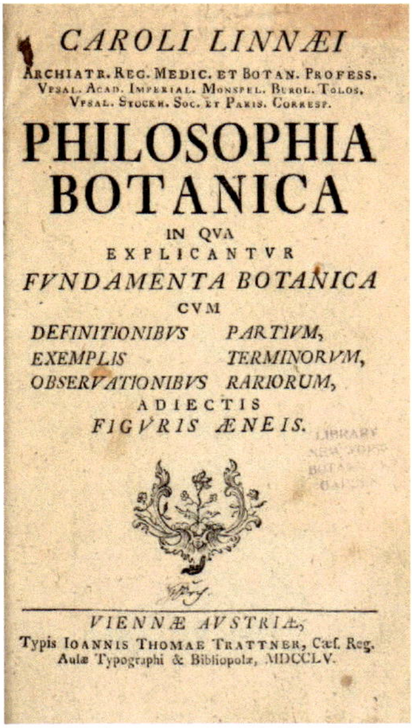
CAROLI LINNÆI
ARCHIATR. REG. MEDIC. ET BOTAN. PROFESS.
VPSAL. ACAD. IMPERIAL. MONSPEL. BEROL. TOLOS.
VPSAL. STOCKH. SOC. ET PARIS. CORRESP.
PHILOSOPHIA
BOTANICA
IN QVA
EXPLICANTVR
FVNDAMENTA BOTANICA
CVM
DEFINITIONIBVS PARTIVM,
EXEMPLIS TERMINORVM,
OBSERVATIONIBVS RARIORUM,
ADIECTIS
FIGVRIS ÆNEIS.
VIENNÆ AVSTRIÆ,
Typis IOANNIS THOMAE TRATTNER, Cæs. Reg. Aulæ Typographi & Bibliopolæ, MDCCLV.

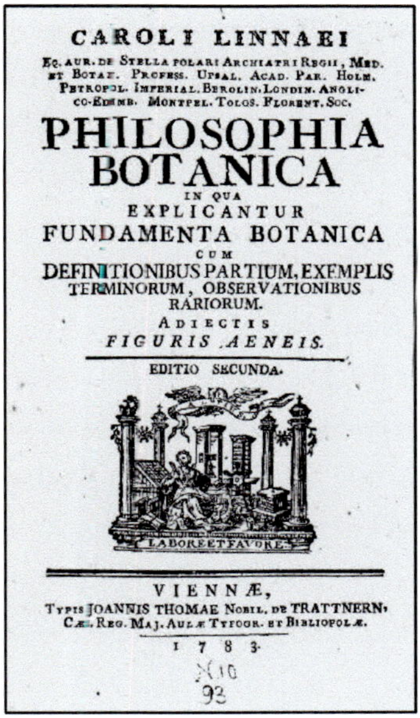
CAROLI LINNAEI
EQ. AUR. DE STELLA POLARI ARCHIATRI REGII, MED. ET BOTAN. PROFESS. UPSAL. ACAD. PAR. HOLM. PETROPOL. IMPERIAL. BEROLIN. LONDIN. ANGLICO-EDINB. MONTPEL. TOLOS. FLORENT. SOC.
PHILOSOPHIA
BOTANICA
IN QUA
EXPLICANTUR
FUNDAMENTA BOTANICA
CUM
DEFINITIONIBUS PARTIUM, EXEMPLIS TERMINORUM, OBSERVATIONIBUS RARIORUM.
ADIECTIS
FIGURIS AENEIS.
EDITIO SECUNDA.
LABORE ET FAVORE
VIENNÆ,
TYPIS JOANNIS THOMAE NOBIL. DE TRATTNERN, CÆS. REG. MAJ. AULÆ TYPOGR. ET BIBLIOPOLÆ.
1783.

Titelseiten von zwei verschiedenen Ausgaben von *Linnés botanischer Philosophie*

COHN:

„Während des ganzen Winters 1786 wird das Botanisiren und Mikroskopiren fortgesetzt; im Januar 1786 fährt Goethe nach Belvedere, um mit dem Hofgärtner allerlei Botanica zu tractiren; am 6. Juni schreibt er an die Freundin: ‚Die Blumen haben mir wieder gar schöne Geschichten zu bemerken gegeben, bald wird es mir gar hell und licht über alles Lebendige.‘ Und drei Tage später: ‚Ich bin von tausend Vorstellungen getrieben, beglückt und gepeinigt; das Pflanzenreich ras't wieder in meinem Gemüthe, ich kann es nicht einen Augenblick los werden, mache aber schöne Fortschritte, Es ist eine wunderbare Epoche, in der Du mir eben fehlst. Am meisten freut mich jetzt das Pflanzenwesen, das mich verfolgt, und das ist's eben, wie mir die Sache zu eigen wird. Es zwingt sich mir Alles auf; ich sinne nicht darüber, es kommt mir Alles entgegen, und das ungeheure Reich simplificirt sich mir in der Seele, so daß ich die schwerste Aufgabe gleich weg lesen kann. Wenn ich nur Jemand den Blick und die Freude mittheilen könnte! es ist aber nicht möglich; und es ist kein Traum, keine Phantasie, es ist ein Gewahrwerden der Form, mit der die Natur gleichsam nur immer spielt und spielend das mannigfaltige Leben hervorbringt. Hätte ich Zeit in dem kurzen Leben, so getraut ich mich, es auf alle Reiche der Natur auf ihr ganzes Reich auszudehnen.' –"

Goethe, Rousseau und Jussieu

Nach der Rückkehr aus Italien veröffentlichte er 1790 seinen „Versuch, die Metamorphose der Pflanzen zu erklären", der zunächst weder ein verlegerischer Erfolg war noch von Fachgelehrten anerkannt wurde. Es folgten noch eine kurze zweite italienische Reise (März bis Juni 1790) zur Abholung der Herzogin Anna Amalia aus Venedig und die Teilnahme am *Schlesischen Feldlager* zu Manövern (Juli bis Oktober 1790). Danach ist zu lesen:

COHN:

„Desto eifriger wurden in Weimar und Jena die botanischen Forschungen fortgesetzt. Fast um dieselbe Zeit, wo Goethe den mechanischen Aufbau der Linné'schen Systematik durch eine einheitliche gedankenmäßige Auffassung der gesamten organischen Welt zu verdrängen suchte, war in Frankreich eine Revolution geglückt, welche noch nach einer anderen Richtung hin die despotische Herrschaft Linné's brach. In dem Garten der Pompadour zu Trianon bei Versailles waren die ersten Vorläufer dieser Umwälzung ans Licht getreten: Jean Jacques Rousseau hatte mit eindringlicher

Beredsamkeit dahin gewirkt, daß an Stelle der von Linné eingeführten gekünstelten Klassenunterschiede die Ordnung der Natur auch im Reiche der Pflanzen zur Herrschaft gelange; das Jahr 1789 brachte den neuen Ideen den Sieg, als Antoine Laurent de Jussieu durch seine natürliche Methode der Pflanzenfamilien das Linné'sche System stürzte. Goethe zögerte nicht lange, die neue Ordnung in seinen Berggarten zu Weimar aufzunehmen; schon im Jahre 1796 ließ er die einheimischen und ausländischen Gewächse nach Familien in Gruppen zusammenpflanzen, in denen die Gattungen wie in Jussien's Werk aufeinander folgte. Wenn dann die Irideen [Schwertliliengewächse], Liliaceenm Leguminosen, Ranunculaceen, Syngenesisten [= Compositae], Campanulaceen [Glockenblumengewächse] ihre Blumen entfalteten, freute sich Goethe, seine Gäste zwischen den Beeten umherzuführen und ihnen belehrende Unterhaltung darzubieten, die er durch Zeichnungen und bildliche Darstellungen zu beleben suchte."

Zu ROUSSEAU und JUSSIEU s. Kap. „Goethe über Jean-Jacques Rousseau als Botaniker" – zu Jussieu s. S. 34.

Der Garten der Pompadour zu Trianon bei Versailles

Petit Trianon ist ein Lustschloss mit einem Park, das Ludwig XV. für die königliche Mätresse Madame de Pompadour († 1764) nordwestlich des Schlosses Versailles erbauen ließ. Da sie jedoch kurz nach dem Baubeginn starb, wurde das Schlösschen zunächst von der neuen Favoritin Madame Dubarry genutzt. Unter Ludwig XVI. wurde das Lustschloss von dessen Gemahlin Marie-Antoinette für ihre Zwecke neu gestaltet und auch den ördlich vom Petit Trianon liegenden Bereich des Parks als Englischen Garten anlegen.

Ansicht la Chateau de Trianon. Gärten des le Petit Trianon in Versailles – Kupferstich von Adam Pérelle (1640-1695)

COHN zu Goethes MORPHOLOGIE DER PFLANZE

„Jahrelang hatte sich Goethe mit der Hoffnung getragen, die Gesammtheit seiner Forschungen aus dem Gebiete der Thier- und Pflanzenwelt zu einem einheitlichen Werke zu verarbeiten; endlich 1817 entschloß er sich, dieselben als ‚Entwurf, ja als fragmentarische Sammlung' ans Licht treten zu lassen. Sie führt den Titel: Zur Morphologie; (...). Schon der Titel des Buches war bahnbrechend; er bezeichnet die Schöpfung einer neuen Wissenschaft, der Morphologie der Lehre von den Gestaltungen, den Bildungen des Lebens; sie hat sich zu einem der interessantesten Gebiete der

Naturforschung fortentwickelt und ist insbesondere an ihrer Geburtsstätte in Jena bis zum heutigen Tage mit glänzendem Erfolg ausgebaut worden.

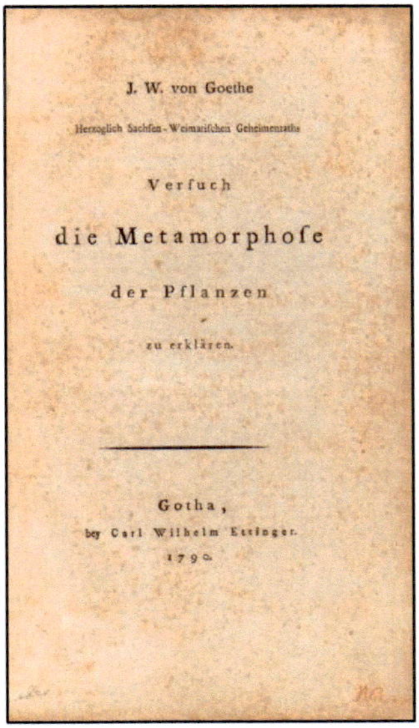
J. W. von Goethe

Herzoglich Sachſen-Weimariſchen Geheimenraths

Verſuch

die Metamorphoſe

der Pflanzen

zu erklären.

Gotha,

bey Carl Wilhelm Ettinger.

1790.

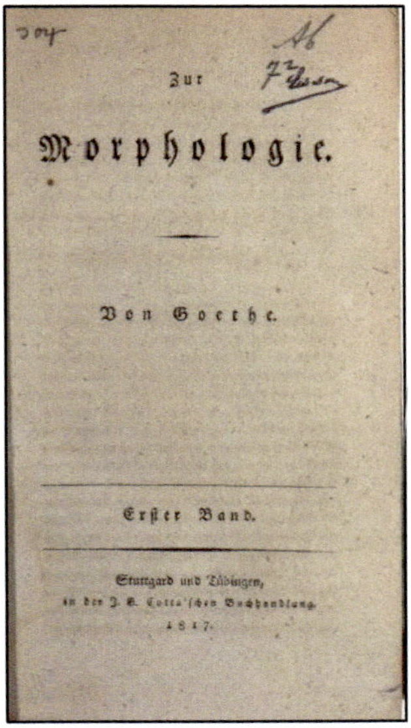
Zur

Morphologie.

Von Goethe.

Erſter Band.

Stuttgard und Tübingen,

in der J. G. Cotta'ſchen Buchhandlung.

1817.

Titelblätter der beiden Erstausgaben 1790 und 1817

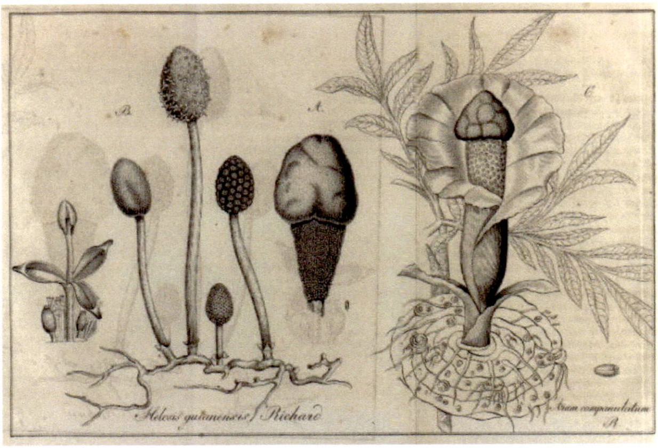

Illustration aus der Ausgabe 1817: rechts Aronstab; links *Helosis* Richard (*Balanophoraceae* = Kolbenträger; schmarotzende Pflanze

COHN:

„Unter der Gestalt einer Pflanze, (...), dürfen wir uns nicht eine fixirte Form, etwas ruhendes, fest bestehendes denken, die Gestalt schwankt vielmehr in steter Bewegung, Bildung und Umbildung, in unaufhaltsamer Entwickelung. Die Morphologie verfolgt durch Vergleichung ein jedes Organ in den mannigfaltigen Bildungen, die es in den verschiedenen Organismen, in den verschiedenen Entwickelungsstufen des nämlichen Organismus, nicht minder in oft seltsamen Verhüllungen unregelmäßiger oder krankhafter Zuständen anzunehmen vermag.

Auf den ersten Blick scheint es, als erzeuge die Pflanze bei ihrer Entwickelung ununterbrochen neu Organe, jedes von den übrigen durchaus verschieden, erst die Keimblätter, dann das grüne Laub, dann die Blüthen mit ihrem so wunderbar zusammengesetzten Bau, zuletzt die Früchte mit den Samen. In Wahrheit aber ist der Bauplan der Pflanze unendlich einfach; die Pflanze entwickelt am Stengel immer ein und dasselbe Organ, das Blatt, welches sie tausendfältig wiederholt, der Anlage nach immer das Gleiche, bei der Entwickelung aber in mannigfaltiger Weise ausgestaltet.

[...]

Wie wir gesehen haben, ist die Goethe'sche Metamorphosenlehre etwas ungemein Einfaches, fast so einfach, wie der Satz, daß die Erde sich um die Sonne dreht, und doch wissen wir, wie viele Jahrtausende aufopfernden Forschens vergehen mußten, wie viele Kämpfe, wie viele Märtyrer es gekostet hat, ehe dieser einfache Satz als Wahrheit erkannt und anerkannt wurde. Auch die Goethe'sche Lehre von der Einheit der Pflanzengestaltung ist so völlig in Fleisch und Blut der Wissenschaft übergegangen, daß wir sie bereits als selbstverständlich hinnehmen und darüber leicht vergessen, daß der Mann, der sie zuerst in die wissenschaftliche Welt einzuführen wagt, Jahre lang mit der Nichtachtung oder dem Widerspruch der Fachgelehrten zu kämpfen hatte. Um Goethe's Bedeutung zu würdigen, darf die Kritik nicht von dem Standpunkt der Morphologie ausgehen, der heut durch stetige Fortentwickelung der Metamoprhosenlehre erreicht ist, wo es leicht ist, in Goethe's Darstellung Unklares, selbst Irrtümliches nachzuweisen; sie muß zurückgreifen bis zu Goethe's Vorgängern und Zeitgenossen, die mit wenig Ausnahmen in mechanischer geisttödtender Behandlung der Pflanzenkunde erstarrt waren oder in die phantastischen Hirngespinste der Naturphilosophie sich verirret hatten; auf diesem dunklen Grunde erscheint die unbefangene gesunde Naturbeobachtung und die einheitliche Gesamtanschauung Goethe's als eine Schöpfung von echt wissenschaftlichem Geiste und unabsehbarer Wirkung. Vor Allem dürfen wir nicht vergessen, daß Goethe gegen die Autorität Linné's anzukämpfen hatte, der über den Aufbau der Pflanze in Blätter und Blüthen die eben so wunderliche als unfruchtbare Hypothese der Prolepsis [in der Philosophie (Stoiker): aus der Wahrnehmung entwickelter Allgemeinbegriff] ausgesponnen hatte, welche gleichwohl die Gemüther der Zeitgenossen gefangen hielt. (...)"

COHN weist aber auch daraufhin, dass Goethe einen Vorläufer hatte, „der 30 Jahre vor ihm die Idee der Entwickelung und der Metamorphose angesprochen, ja sie in noch klarerer, noch strenger wissenschaftlicher Gestalt ausgearbeitete hatte als unser Dichter."

C. F. WOLFF

Gemeint ist Caspar Friedrich WOLFF (1734-1794), Mediziner, den Goethe selbst mit Texten – „Entdeckung eines trefflichen Vorarbeiters" und „Caspar Friedrich Wolff über Pflanzenbildung" – in seiner „Ausgabe letzter Hand" würdigte. Wolff hatte seine Vorstellungen in seiner in Halle erschienenen Dissertation *Theoria generationis* 1759 beschrieben, von dem Goethe durch Herder 1784/85 hörte und dessen Werke er erst in der Phase der morphologischen Hefte studierte. (s. ausführlich in: Dorothea Kuhn (Hrsg.): Johann Wolfgang Goethe. Schriften zur Morphologie, 1987 – S. 426-431)

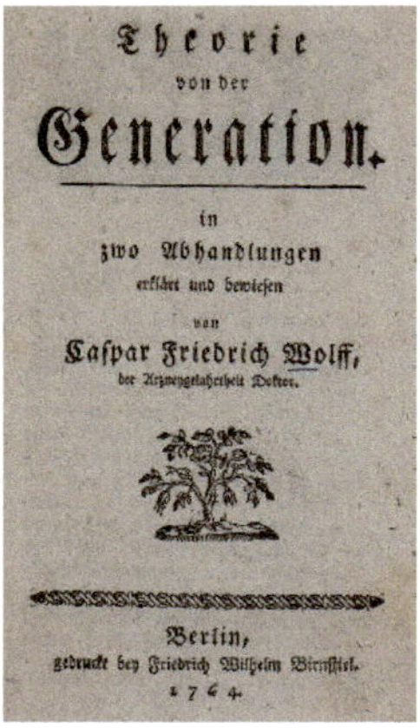

Theorie
von der
Generation.
in
zwo Abhandlungen
erklärt und bewiesen
von
Caspar Friedrich Wolff,
der Arzneygelahrtheit Doktor.

Berlin,
gedruckt bey Friedrich Wilhelm Birnstiel.
1764.

Caspar Friedrich Wolff (Scherenschnitt – vor 1770; wikipedia); Porträt (?) (aus: english wikipedia) und Titel zu seiner Dissertation in deutscher Sprache

Cohn schrieb, dass die Forschungen von Caspar Friedrich Wolff ein Menschenalter lang nicht nur Goethe, sondern überhaupt den Botanikern seines Zeitalters unbekannt und daher für den Fortschritt der Wissenschaft wirkungslos geblieben seien.

Wolff war Anatom, Physiologe und auch Botaniker und gilt als einer der Begründer der modernen Embryologie und Histologie. Er wurde in Berlin geboren, studierte dort am Collegium medico-chirurgicum ab 1753, ging 1755 nach Halle und promovierte dort 1759 mit der genannten Dissertation. 1761 bis 1763 war er als Militärarzt im Siebenjährigen Krieg tätig. Ab 1767 wirkte er als Professor für Anatomie und Physiologie in St. Petersburg.

COHN zu Goethes **URPFLANZE** – s. auch S. 79

„Als Goethe'n am letzten Ziel seiner italienischen Reise in Sicilien die Identität aller Pflanzentheile immer vollkommener einleuchtete, kam er auf den Gedanken, daß sämmtliche Pflanzen sich auf eine Urpflanze zurückführen lassen müßten. ‚Wie wüßten wir sonst, daß dieses oder jenes Gebilde eine Pflanze ist, wenn nicht sie alle nach einem Muster gebildet wären', wenn nicht in allen die gemeinsamen Züge einer Urpflanze unverkennbar wären, trotz der mannigfaltigen Umwandlungen, die dieselben in den einzelnen Gewächsen verhüllen? Aber wie läßt sich erklären, daß diese Familienzüge des Urahnen sich in der Reihe der Generationen so mannigfach verändert haben? ‚Das Wechselhafte der Pflanzengestalten', giebt Goethe zur Antwort, ‚hat in mir mehr und mehr die Vorstellung erweckt, die uns umgebenden Pflanzenformen seien nicht ursprünglich determinirt und festgestellt, ihnen sei vielmehr bei einer eigensinnigen generischen und sepcifischen Hartnäckigkeit eine glückliche Mobilität und Biegsamkeit verliehen, um in so viele Bedingungen, die über den Erdkreis auf sie einwirken, sich zu fügen, hiernach bilden und umbilden zu können. Hier kommen die Verschiedenheiten des Bodens in Betracht; reichlich genährt durch Feuchte der Thäler, verkümmert durch Trockne der Höhen, geschützt vor Frost und Hitze in jedem Maß, oder beiden unausweichbar bloßgestellt, kann das Geschlecht sich zur Art, die Art zur Varietät, diese wieder durch andere Bedingungen isn Unendliche sich verändern … die allernetferntesten jedoch haben eine ausgesprochene Verwandtschaft, sie lassen sich ohne Zwang unter einander vergleichen.'

[…]

Soviel ich weiß [1882 – s. dazu S. 79ff], ist uns keine Abbildung der Urpflanze erhalten, wie sie sich in Goethe's Vorstellung gestaltet hatte; dennoch können wir ohne Weiteres behaupten, daß Goethe nicht das Richtige getroffen haben kann, da er bei allen seinen Betrachtungen immer nur von den höheren Gewächsen, den Mono- und Dikotyledonen, ausging, die niederen Pflanzen aber, welche als die einfacheren ohne Zweifel den Ausgangspunk aller Pflanzengestaltung am nächsten stehen, nicht mit berücksichtigte, auch wohl nicht berücksichtigen konnte, da die wesentlichen Thatsachen ihrer Organisation und Entwickelung erst viele Jahre später enthüllt worden sind. Um so mehr müssen wir den Genius eines Mannes bewundern, der 70 Jahre vor Darwin, einsam und im Widerspruch mit seinem ganzen Zeitalter, den großen Gedanken der Descendenzlehre, der Ableitung der gesammten Pflanzenwelt von einer Urpflanze zu fassen gewagt hat."

Charles DARWIN (1809-1882) – nach einer Fotografie (aus: Harper's Magazine 1884)

DARWIN bezeichnete seine *Evolutionstheorie* als *Deszendenz-Theorie* (Abstammungstheorie).

Der Schuldirektor Arno BLIEDNER in *Goethe und die Urpflanze*

1901 veröffentlichte Dr. Arno BLIEDNER (1848-1931), seit 1894 Schuldirektor in Eisenach, seine Schrift *GOETHE und die Urpflanze* (Literarische Anstalt Rütten & Loening, Frankfurt a.M.), der er in drei Kapitel das Quellenmaterial, Philosophisch-Botanisches, die Literatur und in einem Anhang die in der „Metamorphose der Pflanzen" erwähnten Gewächse behandelt. 1892 veröffenlichte er seine „Flora von Eisenach für Schulen und zu Selbstunterrichte" (Kahla).

Am Schluss seines Kapitels *Philosophisch-Botanisches* fasst er Goethes Wirken in und für die Botanik – auch mit Bezug auf die Schrift von COHN – wie folgt zusammen:

„Aber wir möchten doch an jeden Botaniker, d. h. an jeden, dem die Botanik zwar eine *scientia severa* [ernste Wissenschaft], aber gleichzeitig auch die *scientia amabilis* [liebliche Wissenschaft] ist, die Frage richten, was ihn an Goethe, den B o t a n i k e r, doch schließlich am meisten fesselt. Es ist nicht die Urpflanze und der Typus, nicht die Metamorphosenlehre mit ihren gegenwärtig sehr problematisch gewordenen ‚Gesetzen', noch viel weniger seine ‚Spiraltendenz der Vegetation', sondern es ist nebst der Genugthuung, sich sagen zu dürfen, dass Goethe, der Dichter, auch von der Botanik unzählige Anregungen empfing, die herzliche Freude an Goethes botanischen Einzelstudien, an der von ihm selbst so unübertrefflich geschilderten Art, wie er überhaupt zu diesen Wissenschaft kam, und an der Vorliebe, mit der er sie Zeit seiner Lebens betrieb. Es ist daher auch gar nicht zu verwundern, dass die Darstellung von alledem in den Arbeiten über Goethe als Botaniker den breitesten Raum einnimmt. Und in der That, man könnte z. B. aus der COHNschen Arbeit alles streichen, was sich auf die Urpflanze und die Metamorphose bezieht, es würde noch reichlich genug übrige bleiben, um in Goethe einen *Botaniker ersten Ranges* [Hervorhebung

G.S.] zu erkennen und zu lieben. Man muss es bei COHN oder noch besser in der urkundlichen Berichten selbst nachlesen, mit welch rührender Zärtlichkeit Goethe sich der Gewächse in dem ihm von seinem Herzog geschenkten Garten annimmt, wie er die Bekanntschaft des jungen Kräuterkenners Friedrich Gottlieb DIETRICH macht und ihn ins Fichtelgebirge und nach Karlsbad mitnimmt, wie ihn am Schneeberge die merkwürdige Drosera [Sonnentau] aufs höchste fesselt, wie er sich in Karlsbad von Dietrich die aus der Umgebung des Ortes gesammelten Pflanzen an den Brunnen bringen und ihre Namen unter der Brunnengesellschaft ausrufen lässt, wie er bei der fluchtartigen Reise über die Alpen nach Italien seine helle Freude an den Zirbelkiefern und den Enzianen und dann an den Maulbeer- und Nussbäumen hat, welches Entzücken in dem botanischen Garten zu Padua ihm eine Tecoma grandiflora [Chinesische Klettertrompete] und eine Chamaerops humilis [grüne Zwergpalme] bereitet, wie er in Rom Keimversuche mit dem Feigenkaktus, der Pinie und der Dattelpalme anstellt, wie er, nach Deutschland zurückgekehrt, zahlreiche pflanzenphysiologische Versuche macht, wie er in Jena einen teil des Fürstengartens in einen botanischen Garten umwandeln lässt und in derselben Stadt ein botanisches Museum einrichtet, wie er keine Gelegenheit versäumt, seine eigenen botanischen Sammlungen zu ergänzen und zu vermehren, wie er in liebevoller Erinnerung den ganzen Gang seiner botanischen Studien be-schreibt, wie er Beobachtungen macht über das Ausstäuben der Kieferpollen, den Kornbrand [Feuerbrand: Pilzerkrankung an Obstbäumen], den Russtau des Hopfens, den Mehltau an der Unterseite von Rosenblättern, ‚den Geruch der Berberitze, der Weizenfelder unfruchtbar macht', wie ihm der eigentümliche Gingkobaum und aus seinen Blättern neue Pflänzchen hervortreibende Bryophyllum calicinum* [s. nächstes weiter unten] den Stoff zu sinnigen, an Marianne von Willemer gerichteten Lieder giebt, wie er De Candolles organopgraphie végétale [1827; Augustin-Pyrame de Candolle (1778-1841; Schweizer Botaniker] mit Eifer studiert und mit den bedeutendsten Botaniken, wie Nees von Esebeck, in Verbindung tritt u. s. w. u. s. w. (...)"

Anmerkung von Bliedner*

Bryophyllum calicinum Salisb., im tropischen As en einheimisch, ist dadurch ausgezeichnet, dass die Blätter aus den Randkerben Wurzeln schlagen. ‚An jedem Blatte, das seine volle Größe erreicht hat, bemerkt man in den Einkerbungen eine Zellengruppe, welche dem freien Auge als ein punktförmiges Knöspchen erscheint und die, so lange das Blatt am Stamme bleibt, sich nur selten weiter entwickelt, in welcher aber dann, wenn das Blatt abgepflückt und auf die Erde gelangt, die Ausbildung eines kleinen Pflänzchens mit Stamm, Blättern und Wurzeln ist‘ (Kerner von M. [von Marilaun (1831-1898; Botaniker und Prof. in Wien] (...), vegl. COHN, S. 131ff)“

GOETHEA und die *GOETHE-PFLANZE*

COHN:

„Mit herzlicher Freude, ja Rührung vernimmt Goethe, daß Nees v. Esenbeck einem der edelsten Bäume des brasilianischen Urwalds nach Botanikersitte den Namen *Goethea* gegeben, ‚weil es dem Botaniker wohl thut, die Häupter und Förderer seiner Wissenschaft unter frischen Pflanzen symbolisch anzureden und gleichsam grünend und blühend vor sich zu sehen'."

Die Anmerkungen von Cohn dazu lauten:

„Goethea cauliflora und semperflorens. Der Baum hat immergrüne lorbeerartige Blätter und prachtvolle Malvaceenblüthen."

„Nees an Goethe 14. Juli 1822 und 5. April 1823. ‚Die schöne Auslegung, die Sie der zugeeigneten Pflanze gegeben, erhöht den Werth der Gabe', bemerkt Goethe in seinem Dankschreiben an Nees (24. April 1823)."

Christian Gottfried Daniel NEES von ESENBECK (1776-1858) war Mediziner, Botaniker, Naturforscher und Naturphilosoph. Er wurde 1818 Professor für Naturgeschichte und Botanik an die Universität in Bonn berufen und am 8. August 1818 wählte ihn die Deutsche Akademie der Naturforscher Leopoldina zu ihrem Präsidenten. Ab 1830 war er in Breslau o. Professor für Botanik und Leiter des Botanischen Gartens.

Porträt 1855

Von Heiner Grünberg (in Heike Spieß: Goethe und die Welt der Pflanzen, Düsseldorf 1999, S.51) wird die Pflanzen als *stamm- oder stegelblütige GOETHA* aus der Familie der Malvengewächse bezeichnet.
In den Pressemitteilungen des Universität Bonn (30.5.2011) ist zu lesen:

„Unter Pflanzensamen, die Maximilian Prinz zu Wied-Neuwied von seiner berühmten Brasilien-Expedition an den Bonner Botanischen Garten sandte, befand sich ein noch unbekanntes Malvengewächs. Die Samen wurden ausgesät und von dem ersten Gartendirektor, dem bedeutenden Naturforscher Nees von Esenbeck wissenschaftlich bearbeitet. Nees erkannte, das es sich hierbei noch um eine unbekannte Art handelt.
Nees stand in engem wissenschaftlichen Austausch mit vielen Fachkollegen, zu denen auch Johann Wolfgang von Goethe gehörte. Ness hat Goethe mehrfach in Weimar besucht, denn der Dichterfürst war vielseitig begabt und ein ernstzunehmender Wissenschaftler, der sich unter anderem mit der Morphologie von Pflanzen beschäftigte. Nees bewunderte Goethe unendlich, was man noch heute aus seinen Briefen an diesen erkennen kann. (...) Schließlich widmete Nees dem Dichter die neue Art *Goethea cauliflora*:

Ein schönes Exemplar der *Goethea cauliflora* ist in dem neue eingerichteten Regenwaldhaus zu sehen." (Botanischer Garten der Universität Bonn)

Die spätere ***Goethe-Pflanze*** wird erstmals 1782 als *Crassula pinnata* durch Carl von Linné, den Jüngeren (1741-1783) beschrieben.

Kalanchoe pinnata – Tafel 1805 Salisbury

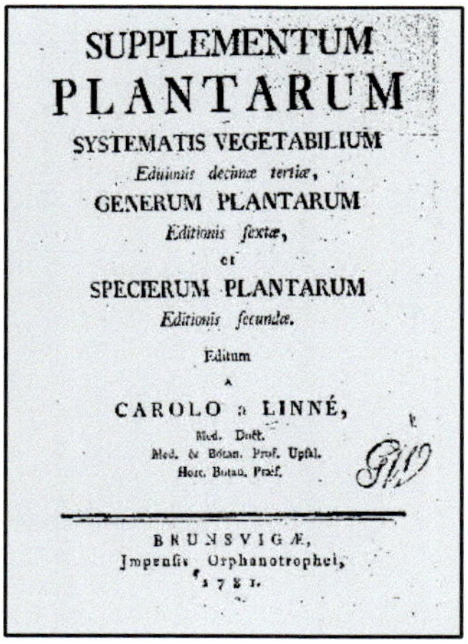

SUPPLEMENTUM
PLANTARUM
SYSTEMATIS VEGETABILIUM
Editionis decimae tertiae,
GENERUM PLANTARUM
Editionis sextae,
et
SPECIERUM PLANTARUM
Editionis secundae.
Editum
A
CAROLO a LINNÉ,
Med. Doct.
Med. & Botan. Prof. Upsal.
Horc. Botan. Praef.

BRUNSVIGÆ,
Impensis Orphanotrophei,
1781.

Carl von Linné (Sohn) (Porträt von Jonas Forsland: 1754-1809) und sein *Supplementum Plantarum* (1781)

Die Pflanze wurde mehrmals umbenannt: Jean-Baptiste de LAMARCK (1744-1829; franz. Botaniker, Zoologe und Entwicklungsbiologe) ordnete sie als *Cotyledon pinnata* der Gattung *Cotyledon* aus der Familie der Dickblattgewächse zu.
1805 wurde sie von Christian Hendrik PERSOON (1761-1836; niederl./dtsch. Mykologe und Botaniker) unter ihren heutigen Namen *Kalanchoe pinnata* der Gattung *Kalanchoe* zu geordnet, die wiederum in die Sektionen *Kalanchoe* und *Bryophyllum* unterteilt wird.

Es existieren zahlreiche Synonyme – es galt 1814 *Bryopyhllum calycinum* nach der 1805 von Richard Anthony SALISBURY (eigentl. R. A. Markham; 1761-1829; engl. Botaniker; Gründungsmitglied der *London Horticultural Society*) – diese Bezeichnung verwendete auch Goethe.

Jean-Baptiste Lamarck (J. Pizetta: *Galerie des naturalistes* 1893)

Christian Hendrik Persoon (Porträt 1796)

Richard Anthony Salisbury (Bleistiftskizze 1817)

1814 wurde die Pflanze unter dem Namen *Bryophyllum calycinum* aus dem Botanischen Garten Kew nach Deutschland eingeführt und im Botanischen Garten von Hannover (Herrenhausen) vermehrt. 1817 erhielt auch die Botanische Garten Belvedere in Weimar ein Exemplar. Goethe beobachtete an dieser Pflanze, wie die Mutterpflanze kleine Pflänzchen an den Blatträndern bildete.

Seine Beschreibungen der Pflanze stammen aus „Nacharbeiten zu Metamorphose“, aus dem Abschnitt „Zur Verstäubung“ sowie aus Aufzeichnungen datiert „Jena, den 11. Septbr. 1820“ und „Studien zur Morphologie (Nachträge)“.

Kalanchoe pinnata – aus:
Francisco Manuel Blanco,
Flora de Filipinas (Atlas I) 1880/83

William Curtis (1746-1811) in Botanical Magazine Band 54 (1811)

In dieser Illustration (links) sind insbesondere die unterschiedlich geformter Blätter zu sehen – unten einfach und im Bereich des Blütenstandes zusammengesetzt.

Die sukkulente Pflanze mit Wuchshöhen bis zu 2 Metern weist ledrige, fleischige Laubblätter, 5 bis 20 cm lang, auf. Sie bildet achselständige, rispige Blütenstände mit gestielten, hängenden, großen Blüten. Die Kelchblätter sind grün und zeigen rot-violette Streifen und sind zu einer Kelchröhre verwachsen. Die roten oder violetten Kronblätter sind glockenförmig verwachsen. Jede Blüte bildet vier Balgfrüchte. Das natürliche Verbreitungsgebiet der Pflanze ist Madagaskar.

Im Zusammenhang mit der *Bryophyllum calycinum* schrieb COHN:

„Ein ganz besonderer Liebling Goethe's wurde eine sonst kaum von Jemand beachtete Pflanze aus der Familie der Fettgewächse, das im tropischen Asien einheimische Sproßblatt, *Bryophyllum calycinum*. Goethe hatte beobachtet, daß die fleischigen gekerbten Blätter sich im Alter zu zweigartigen Fiederblättern entwickeln und aus den Kerben zarte klare Tropfen hervordringen lassen, die bei jungen Pflanzen nach eingetretener Wärme verdunsten, bei älteren zu gummartigem Wesen gerinnen; mit Staunen nimmt er dann wahr, wie ältere Blätter in der Luft hängend aus ihren Kerben frische Pflänzchen hervorbringen, welche sich ablösen und selbstständig sich fortentwickeln; ‚dieses unermüdlich Sprossen und sich Verjüngen, dieses immerfort wachsende Lebende' wird in des Dichters Seele zum ‚Bild und Gleichniß des Wesens, von dem wir uns kein Bild machen sollen', er glaubt das ‚Alles in Einem und aus Einem' mit den Auge zu schauen. (....)"

COHN berichtete, dass Goethe im Juni 1826 Sulpice BOISSERÉE ein paar Blätter der *pantheistischen Pflanze, das lebendigste Bild der Morphologie* geschenkt habe – versehen mit der Anmerkung: „Schon am 20. August 1820 schreibt Nees an Goethe: Möchten Sie bei dem durch Sie empfohlenen *Bryophyllum* meiner gedenken, die Pflanze ist glücklich, sie bekommt eine Geschichte..."

Goethes Elegie (1798)

Die Metamorphose der Pflanzen

In *„Goethe erzählt sein Leben"* (s. Einleitung und Vorwort) ist im Kapitel „DIE NATUR" zur Metamorphose der Pflanzen zu lesen:

„Nirgends wollte man zugeben, daß Wissenschaft und Poesie vereinbar seien. Man vergaß, daß Wissenschaft sich aus Poesie entwickelt habe, man bedachte nicht, daß, nach einem Umschwung von Zeiten sich freundlich, zu beiderseitigem Vorteil, auf höherer Stelle gar wohl wieder begegnen könnte. Freundinnen, welche mich schon früher den einsamen Gebirgen, der Betrachtung starrer Felsen gern entzogen hätten, waren auch mit meiner abstrakten Gärtnerei keineswegs zufrieden. Pflanzen und Blumen sollten sich durch Gestalt, Farbe, Geruch auszeichnen, nun verschwanden sie aber zu einem gespensterhaften Schema. Da versuchte ich diese wohlwollenden Gemüter zur Teilnahme durch eine Elegie zu locken. Höchst willkommen war dieses Gedicht der eigentlich Geliebten (*Christiane*), welches das Recht hatte, die lieblichen Bilder auf sich zu beziehen; und auch ich fühlte mich sehr glücklich, als das lebendige Gleichnis unsere schöne vollkommene Neigung steigerte und vollendete.

Dich verwirrt, Geliebte, die tausendfältige Mischung
Dieses Blumengewühls über dem Garten umher;
Viele Namen hörst du an und immer verdränget
Mit barbarischem Klang einer den andern im Ohr.
Alle Gestalten sind ähnlich, und keine gleicht der andern;
Und so deutet das Chor auf eine geheimes Gesetz,
Auf ein heiliges Rätsel. Oh könnt ich dir, liebliche Freundin,
Überliefern sogleich glücklich das lösende Wort!
Werdend betrachtet sie nun, wie nach und nach sich die Pflanze,
Stufenweise geführt, bildet zu Blüten und Frucht.
Aus dem Samen entwickelt sie sich, sobald ihn der Erde
Stille befruchtende Schoß hold in das Leben entläßt,

Und dem Reize des Lichts, des heiligen, ewig bewegten,
Gleich den zärtesten Bau keimender Blätter empfiehlt.
Einfach schlief in dem Samen die Kraft; ein beginnendes Vorbild
Lag, verschlossen in sich, unter die Hülle gebeugt,
Blatt und Wurzel und Keim, nur halb geformet und farblos;
Trocken erhält so der Kern ruhiges Leben bewahrt,
Quillet strebend empor, sich milder Feuchte vertrauend,
Und erhebt sich sogleich aus der umgebenden Nacht.
Aber einfach bleibt die Gestalt der ersten Erscheinung;
Und so bezeichnet sich auch unter den Pflanzen das Kind.
Gleich darauf ein folgender Trieb, sich erhebend, erneuet,
Knoten auf Knoten getürmt, immer das erste Gebild.
Zwar nicht immer das gleiche; denn mannigfaltig erzeigt sich,
Ausgebildet, du siehst's, immer das folgende Blatt,
Ausgedehnter, gekerbter, getrennter in Spitzen und Teile,
Die verwachsen vorher ruhten im untern Organ.
Und so erreicht es zuerst die höchst bestimmte Vollendung,
Die bei manchem Geschlecht dich zum Erstaunen bewegt.
Viel gerippt und gezackt, auf mastig strotzender Fläche,
Scheint die Fülle des Triebs frei und unendlich zu sein.
Doch hier hält die Natur, mit mächtigen Händen, die Bildung
An und lenket sie sanft in das Vollkommnere hin.
Mäßiger leitet sie nun den Saft, verengt die Gefäße,
Und gleich zeigt die Gestalt zärtere Wirkungen an.
Stille zieht sich der Trieb der strebenden Ränder zurücke,
Und die Rispe des Stiels bildet sich völliger aus.
Blattlos aber und schnell erhebt sich der zärtere Stengel,
Und ein Wundergebild zieht den Betrachtenden an.
Rings im Kreis stellt sich nun, gezählet und ohne
Zahl, das kleinere Blatt neben dem ähnlichen hin.
Um die Achse gedrängt, entscheidet der bergende Kelch sich,
Der zur höchsten Gestalt farbige Kronen entläßt.
Also prangt die Natur in hoher, voller Erscheinung,
Und sie zeiget, gereiht, Glieder an Glieder gestuft.
Immer staunst du aufs neuem sobald sich am Stengel die Blume
Über dem schlanken Gerüst wechselnder Blätter bewegt

Aber die Herrlichkeit wird des neuen Schaffens Verkündung;
Ja, das farbige Blatt fühlet die göttliche Hand,
Und zusammen zieht es sich schnell; die zärtesten Formen,
Zwiefach streben sie vor, sich zu vereinen bestimmt.
Traulich stehen sie nun, die holden Paare, beisammen,
Zahlreich ordnen sie sich um den geweihten Altar.
Hymnen schwebet herbei, und herrlich Düfte, gewaltig,
Strömen süßen Gerich, alles belebend umher.
Nun vereinzelt schwellen sogleich unzählige Keime,
Hold in den Mutterschoß schwellender Früchte gehüllt.
Und hier schließt die Natur den Ring der ewigen Kräfte;
Doch ein neuer sogleich fasset den vorigen an,
Daß die Kette sich fort durch alle Zeite verlänge
Und das Ganze belebt, so wie das Einzelne, sei
Wende nun, o Geliebte, den Blick zum bunten Gewimmel,
Der verwirrend nicht mehr sich vor dem Geiste bewegt.
Jede Pflanze verkündet dir nun die ewgen Gesetze,
Jede Blume, sie spricht lauter und lauter mit dir.
Aber entzifferst du hier der Göttin heilige Lettern,
Überall siehst du sie dann, auch in verändertem Zug:
Kriechend zaudre die Raupe, der Schmetterling eile geschäftig,
Bildsam ändre der Mensch selbst die bestimmte Gestalt.
Oh, gedenke denn auch, wie aus dem Keim der Bekannschaft
Nach und nach in uns holde Gewohnheit entsproß,
Freundschaft sich mit Macht in unserm Innern enthüllte,
Und wie Amor zuletzt Blüten und Früchte gezeugt.
Denke, wie mannigfach bald die, bald jene Gestalten,
Still entfaltend, Natur unsern Gefühlen geliehn!
Freue dich auch des heutigen Tags! Die heilige Liebe
Strebt zu der höchsten Frucht gleicher Gesinnungen auf,
Gleicher Ansicht der Dinge, damit in harmonischem Anschaun
Sich verbinde das Paar, finde die höhere Welt.

(aus: Musen-Almanach auf das Jahr 1799, S. 17-23 – hrsg. von Friedrich Schiller)

Goethes Studien auch zur Pflanzenchemie

Zu Goethes 250. Geburtstag im Jahre 1999 veröffentlichte der Autor dieses Buches als Chemiker auch zwei Beiträge zu Goethes pflanzenchemischen Versuchen in der *Frankfurter Rundschau* und in der Zeitschrift *Biologie in unserer Zeit*, die hier im Folgenden wiedergegeben werden:

Frankfurter Rundschau

Zum 28. August 1999 · Jahrgang 55 · Nr. 187/32 [Die Abbildungen wurde hier neu eingefügt.]

Mit erstem Grün und balsamischem Dufte

Die Fragen Goethes an die Natur kann erst die moderne Wissenschaft beantworten

Von Georg Schwedt

Im Januar 1832 schrieb Goethe an den Pharmazeuten und Chemiker Wackenroder in Jena zu Fragen der Pflanzenchemie folgenden Satz: *Es interessiert mich höchlich inwiefern es möglich sei, der organisch-chemischen Operation des Lebens beizukommen, durch welche die Metamorphose der Pflanzen, nach einem und demselben Gesetz, auf die mannigfaltigste Weise bewirkt wird.*

Heinrich Wackenroder (1798-1854)

Aus dieser Formulierung lassen sich heute Vorstellungen herauslesen, die bis in die Molekularbiologie unserer Zeit weisen. Zumindest gehen sie nicht von den Lehren des damaligen Vitalismus aus, sondern fordern eine Gesetzmäßigkeit auf naturwissenschaftlicher Grundlage, welche die Vorgänge der Umwandlung von Grundorganen wie Blättern oder Wurzeln zu Ranken beziehungsweise Knollen erklärt. Eine Aufklärung der Phänomene, die wir bei der Bildung der Pflanzen von Knoten zu Knoten gewahr werden, erwartet Goethe von den Chemikern. Schon früh fordert er eine ‚interdisziplinäre' Zusammenarbeit von Wissenschaftlern verschiedenster Fachrichtungen. So schreibt er dazu an Heinrich Wackenroder (1798-1854), den Entdecker unter anderem des Carotins in der Möhrenwurzel und Begründer des pharmazeutischen Instituts der Universität Jena: *Da wir nun in Unterscheidung der greif- und wägbaren Elemente, so wie der gasartigen, durch den Chemiker immer weiter vorrücken, so bin ich geneigt zu glauben, es müsse sich eine Sukzession von Entwicklungen und Aneignungen noch bestimmter anzeigen lassen.*

In die Enge treiben

Goethe schränkt danach zwar ein, daß er, obgleich kein Mystiker, der Natur zuletzt ein Unerforschliches eingestehe, aber doch davon ausgehe, der Mensch werde nicht von dem Versuche abstehen, das Unerforschliche so in die Enge zu treiben, bis er sich dabei begnügen und willig überwunden geben mag. Goethe beschließt diesen Brief, geschrieben im Alter von 82 Jahren, zwei Monate vor seinem Tod [22. März 1832], mit der Aussage, daß sich auch die neuen naturwissenschaftlichen Erkenntnisse, über die er sich gern unterrichten lasse, an seine Betrachtungen anschließen würden: ... *und ich finde mich im hohen Alter sehr glücklich, dass ich das Neueste in den Wissenschaften nicht zu bestreiten nötig habe, sondern durchaus mich erfreuen kann im Wissen eine Lücke ausgefüllt ... zu sehen.*

Dieser in vieler Hinsicht bemerkenswerte Brief Goethes ist der Anlaß, ihn aufgrund dieser zukunftsweisenden und wenn man höhergreifen will, ja prophetischen, geradezu visionären Ansichten nach seinem eigenen Entwicklungsgang als Naturforscher zu befragen. Er hat darüber selbst einen Bericht mit dem Titel *Der Verfasser teilt die Gesichte seiner botanischen Studien mit* verfaßt. Dieser zeigt die Bedeutung, die Goethe seinem Wirken insgesamt als Naturforscher beigemessen hat. Goethe bekennt, daß die Naturwissenschaften in seiner Ausbildung keinen Platz gehabt hätten, er habe davon keinen Begriff bekommen, auch wenn er in wohleingerichteten Ziergärten Tulpen, Ranunkeln und Nelken bewundert und außer den gewöhnlichen Obstsorten Aprikosen, Pfirsich und Trauben kennengelernt habe. Er schreibt: *An exotische Pflanzen wurde nicht gedacht, noch viel weniger daran, Naturgeschichte in der Schule zu lehren.* In das tätige Leben und in die Sphäre der Wissenschaft sei er jedoch erst in Weimar eingetreten, wohin er am 7. November 1775 kam, um für immer dort zu bleiben.

Der noch jugendliche Überschwang, sowohl Goethe als auch des jungen Herzogs Carl August, tobte sich in wilden Ritten durch das Land aus. Goethe sieht rückblickend darin nicht nur die raschen, vorübergehenden geselligen Freuden der Jagd, allerlei merkwürdige Abenteuer der Wildbahn, sondern zugleich habe er auch Einblicke in die Holzkultur erhalten. Als vortrefflichen weimarischen Forstmann hebt erden Oberforstmeister Otto Joachim Moritz von Wedel hervor, der damals bereits eine Verringerung des Wildbestandes zum Schutz der Forstkultur und des Ackerbaues befürwortete. Der folgende Satz spiegelt den Dichter im Naturforscher wider – mit Ansätzen zu einer ökologischen Betrachtung: „Nadelhölzer aller Art, mit ernstem Grün und balsamischem Dufte, Buchenhaine von freudigem Anblick, die schlanke Birke und das niedere namenlose Gesträuch, jedes hatte seinen Platz gesucht und gewonnen."

Wiederum auch aus chemischer Sicht haben ihm dann der Hofapotheker Wilhelm Bucholz in Weimar und dessen Provisor Johann Göttling, der spätere erste Chemieprofessor in der Philosophischen Fakultät der Universität Jena, die pharmazeuzischen Zwecke nahegebracht. Danach beginnt für Goethe die Phase der Systematisieung. Er vertieft sich in Linnés

Terminologie, liest dessen „Philosophie der Botanik“, betreibt ein fast tägliches Studium – in Weimar im Apotheken- und im Hofgarten und auch in Jena, woe er die „Flora Jenensis“ (1718) von Heinrich Rupp (1688 bis 1719) studiert. Die regionale Flora wird ihm auch durch die Familie Dietrich vertraut, Landwirte und Kräuterkundige in Ziegenhain bei Jena. Einen Enkel des Stammvaters nimmt Goethe 1785 mit zu einer Kur in Böhmen (Karlsbad); dieser wird 1796 auch Mitarbeiter bei Goethes Studien über die *Wirkung des Lichts* auf Pflanzen.

Neue Anregungen kamen von August Carl Batsch (1761-1802), der als Professor für Naturgeschichte in Jena 1793 die Naturforschende Gesellschaft und 1794 den Botanischen Garten gründete. Batsch wurde Goethes wichtigster botanischer Berater. Aus seinem unmittelbaren Anschauen drang die Erkenntnis sich ihm auf, daß es viele Varietäten gebe, die auf die unterschiedlichen Standortfaktoren sich beziehen ließen – Goethe nennt: „Bergeshöhe, Talestiefe, Licht, Schatten, Trockenheit, Feuchte, Hitze, Wärme, Kälte, Frost und wie die Bedingungen alle heißen mögen!“

Den entscheidenden Wandel in seiner Beschäftigung mit der Botanik erfuhr er dann 1786 auf seiner Reise nach Italien. Im Botanischen Garten von Padua erlebte er unmittelbar das Wechselhafte der Pflanzengestalten, beispielsweise an einer Fächerpalme. Hier beginnt Goethes Phase von Überlegungen, die wir heute nicht nur den Bereichen der Morphologie, sondern auch Genetik und Pflanzenphysiologie zuordnen können. Es entstand die Idee der Urpflanze, vom Typus der Pflanze als abstrahierend konstruiertes Modell für die Entstehung der ursprünglich identischen, dann verschiedenen Pflanzenteile (mit unterschiedlichen Funktionen) infolge der Metamorphose des Blattes – später auch als die historisch-genetisch älteste aller Pflanzen verstanden. Am letzten Ziel seiner Italienreise, in Sizilien, habe ihm die vollkommene Identität aller Pflanzenteile eingeleuchtet.

Mit Leidenschaft verfolgt

Diese Idee, die er nach eigenen Worten, nicht nur mit Neigung, sondern mit Leidenschaft verfolgte, veranlaßte Goethe auch zu zahlreichen eigenen Experimenten – zum Beispiel über den Einfluß des Lichtes auf das Wachstum, über das Keimen der Samen, über das Verhalten von Blütenfarbstoffen gegenüber Säuren und Basen. Goethe hat ausgehend von Phänomenen dabei Gedanken geäußert, welche die Forschung erst in unserer Zeit experimentell verfolgen konnte. Goethe hat sich diese Gesetze geistreich vorgestellt, er hat einerseits mit Neigung und Leidenschaft Naturstudien betrieben, andererseits ist er aber erst durch ein folgerechtes Bemühen zu den auch für ihn so erfreulichen Resultaten gelangt, wie er zum Schluß der Geschichte seiner botanischen Studien feststellt.

Wer mit dem Wissen unserer Zeit Goethes naturwissenschaftliche Arbeiten liest, wird seine Ideen in vielen Ergebnissen moderner Forschung bestätigt finden. Sie berühren außer den bereits genannten Spezialgebieten auch die Pflanzenökologie und Pflanzensoziologie. In den Gesprächen mit seinem Sekretär Eckermann hat Goethe sich wiederhol über seine naturwissenschaftlichen Arbeiten geäußert – so auch am 1. Februar 1827. Bescheiden formuliert er die eigene Einschätzung seiner Leistungen: *Wenn ich aber aber in den(jenigen)en Gegenständen, die in meinem Wege lagen, etwas geleistet, so kam mir zugute, daß mein Leben in eine Zeit fiel, die an großen Entdeckungen in der Natur reicher war als irgendeine andere.*

Biologie *in unserer Zeit* / 29. Jahrg. 1999 / Nr. 4 (S. 247-249)

Goethes Beiträge zur Pflanzenchemie

Goethes eigenständige Untersuchungen zur Pflanzenchemie verknüpfen seine botanischen Studien mit seinen Arbeiten zur Farbenlehre. Bereits im Sommer 1896 begann er unter dem Einfluß von Alexander von Humboldt, die Wirkung des Lichts auf Pflanzen zu untersuchen. Zwanzig Jahre später protokollierte er die Experimente mit Pflanzenextrakten in seinem Notizbuch. Ergebnisse dieser Untersuchungen wurden erst als nachgelassene Schriften 1906 veröffentlicht.

Goethe (1749-1832) und Alexander von Humboldt (1769-1859) lernten sich offensichtlich bei Friedrich von Schiller in Jena 1794 kennen. In seinen „Tag- und Jahresheften" berichtete Goethe: „Alexander von Humboldt längst erwartet, von Bayreuth ankommend, nötigte uns ins Allgemeinere der Naturwissenschaft." Ende Februar 1797 übersiedelte Humboldt nach Jena und hörte gemeinsam mit Gothe Vorlesungen zur Anatomie bei Justus Christian Loder (1753-1832, Professor für Anatomie und Medizin in Jena). Trotz unterschiedlicher Sichtweisen begann in Jena eine fruchtbare Zusammenarbeit zwischen den beiden.

Goethes Beobachtungen gingen von der Gestalt aus, er sprach häufig von Phänomenen, ihn interessierten die Entwicklungen, das Biologische nach heutigem Verständnis. Humboldt dagegen, der in Göttingen bei Gauß Vorlesungen gehört hatte, betonte die Fakte, er benutzte die Mathematik und Geräte der damaligen Physik. Er versuchte sogar, dem Lebensprozeß „mit dem Mittel der chemischen Analyse auf den Grund" zu gehen [1,6].

Im Mai 1795 erhielt Goethe als Geschenk von Humboldt dessen 1794 erschienenes Werk „Aphorismen aus der chemischen Physiologie der Pflanzen“ (Abbildung 1). In seinem Dankesbrief vom 18. Juni 1795 schrieb Goethe selbst über ihre unterschiedlichen „Forschungsansätze“: *„Da Ihre Beobachtungen vom Element, die meinigen von der Gestalt ausgehen, so können wir nicht genug eilen, uns in der Mitte zu treffen.“* Die „Aphorismen“ waren zunächst ein Teil von Humboldts Jugendwerk „Florae Fribergensis specimen, ... Accedunt Aphorismi ex doctrina phyiologiae chemicae plantarum.“ (Berlin 1793)

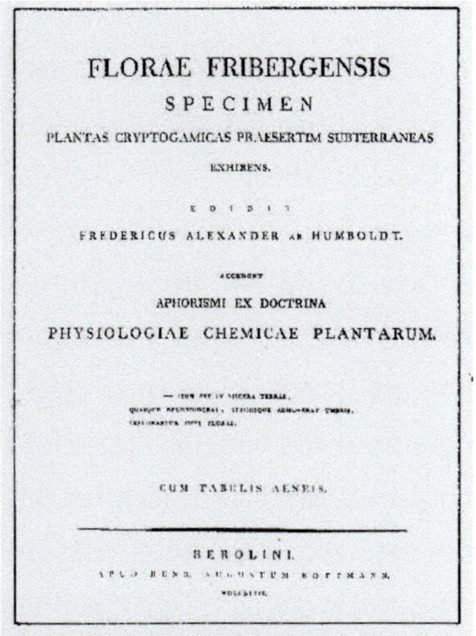

FLORAE FRIBERGENSIS
SPECIMEN
PLANTAS CRYPTOGAMICAS PRAESERTIM SUBTERRANEAS
EXHIBENS.
EDIDIT
FREDERICUS ALEXANDER AB HUMBOLDT.
ACCEDUNT
APHORISMI EX DOCTRINA
PHYSIOLOGIAE CHEMICAE PLANTARUM.
CUM TABULIS AENEIS.
BEROLINI.

Abb. 1. Titelseite von A. v. Humboldts Jugendwerk mit dem Teil „Aphorismen aus der chemischen Physiologie der Pflanzen“ (hier als Anhang der lateinischen Ausgabe – Berlin 1793).

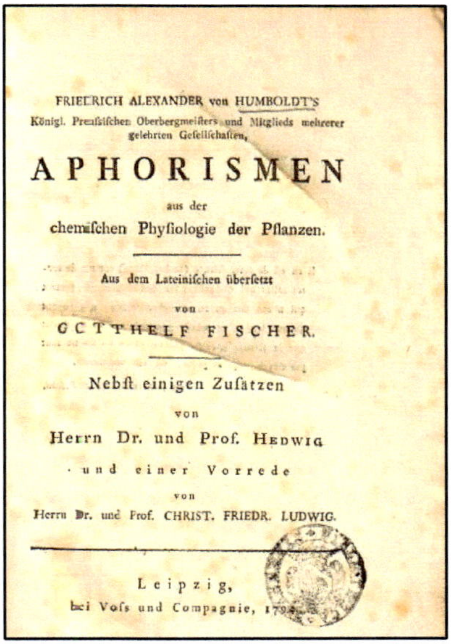

FRIEDRICH ALEXANDER von HUMBOLDT'S
Königl. Preussischen Oberbergmeisters und Mitglieds mehrerer gelehrten Gesellschaften,
APHORISMEN
aus der
chemischen Physiologie der Pflanzen.
Aus dem Lateinischen übersetzt
von
GOTTHELF FISCHER.
Nebst einigen Zusätzen
von
Herrn Dr. und Prof. Hedwig
und einer Vorrede
von
Herrn Dr. und Prof. CHRIST. FRIEDR. LUDWIG.
Leipzig,
bei Voss und Compagnie, 1794.

Übersetzung und Ausgabe von 1794

Vorarbeiten zu einer Physiologie der Pflanzen

Im Sommer 1796 entstand Goethes Arbeit über die „Wirkung des Lichts auf organische Körper“, worin sich bereits seine systematische Arbeitsweise deutlich zu erkennen gibt: *„Am 16ten Junius 1796 brachte ich Kressesamen und Bohnen in 5 Äsche* [thüringisch für Blumentöpfe], *bedeckte No. 1 mit* *einem Topfe, No. 2 mit einem weißen Glase, No. 3 mit einem gelben, No. 4 mit einem blauen, No. 5 mit einem violetten …*[3], Nach weiteren exakten Angaben zu den Versuchsbedingungen führt Goethe die Ergebnisse in Tabellen geordnet auf. Die Handschrift aus Goethes Nachlaß wurde erst in der Weimarer Ausgabe seiner Werke 1892 veröffentlicht. Die Niederschriften stammen von Goethes Schreiber Johann Jacob Ludwig Geist (1776-1854) und dem jungen Hofgärtner Friedrich Gottlieb Dietrich (1776-1854) und wurden von Goethe eigenhändig korrigiert. Dietrich kam aus einer „Bauernbotaniker-Familie“ aus Ziegenhain bei Jena. Er war Goethe aufgrund seiner herausragenden Botanikkenntnisse aufgefallen, hatte ein Stipendium des Herzogs zum Studium in Jena erhalten und half ihm bei den Experimenten mit Kresse und Bohnen. 1801-1845 wirkte er als Begründer und Leiter des herzoglichen botanischen Gartens in Wilhelmsthal bei Eisenach und verfaßte ein „Lexikon der Gärtnerei und Botanik“ (1802-1840).

In der gleichen Zeit entstand Goethes fragmentarische Abhandlung „Vorarbeiten zu einer Physiologie der Pflanzen“. Diese Handschrift wurde ebenfalls erst in der Weimarer Ausgabe seiner Werke als „Nachgelassenes“ 1891 publiziert. Goethe definiert darin die Physiologie über die Morphologie und Systematik hinausgehend als den Teil der der Botanik, der sich mit den Kräften beschäftigt, wonach Pflanzen gebildet werden. Ab 1797 wird wissenschaftshistorisch der Begriff Biologie verwendet, mit dem sich Goethe Physiologie annähernd deckt. Goethe hat das Wort Biologie jedoch in seinen Schriften nicht gebraucht.

Aus der Geschichte von Goethes botanischen Studien

Erst 1817 bis 1824 erschienen in unregelmäßigen Abständen Goethes Abhandlungen als Schriftenreihe (Verleger Cotta in Stuttgart, Drucker Frommann in Jena) in zwei Abteilungen: *„Zur Naturwissenschaft überhaupt, besonders zur Morphologie“.* Der Untertitel deutet auf autobiographische

Bezüge: *„Erfahrung, Betrachtung, Folgerung, durch Lebensereignisse verbunden."* So ist es nicht verwunderlich, daß Goethe auch die Geschichte seiner botanischen Studien (Stuttgart 1831) mitteilte.

Johann Friedrich COTTA
(1764-1832) – Porträt von
K. J. Th. Leybold (1830)

Carl Friedrich Ernst FROMMANN
(1765-1837) Porträt von J.J. Schmeller
1830

Anfangs äußert er sich darin über die Geschichte der Wissenschaften im allgemeinen und deren Bedeutung für die weiterführende Forschung, bemerkt dann, daß der Gang seiner botanischen Bildung einigermaßen der Geschichte der Botanik selbst ähnle, weil er vom augenfälligsten Allgemeinen aus das Nutzbare, Anwendbare, vom Bedarf zur Kenntnis gelangt sei. Und dann nennt er Wissenschaftler, die ihn bei seinen Arbeiten vor allem auch aus chemischer Sicht unterstützt haben – den Weimarer Hofapotheker und Arzt Bucholz (1734-1798) und den „trefflichen" Johann Friedrich August Göttling (1755-1809, erster Professor der Chemie in Jena). Eine wichtige Quelle wird aus Goethes Text erkennbar. Er schreibt: *„Chemie und Botanik gingen damals vereint aus den ärztlichen Bedürfnissen hervor, und wie der gerühmte Dr. Buch(h)olz von seinem Dispensatorium sich in die höhere*

Chemie wagte, so schritt er auch aus den engen Gewürzbeeten in die freier Pflanzenwelt. In seinen Gärten hatte er nicht die offiziellen Gewächse nur, sondern auch seltenere, neu bekannt gewordene Pflanzen zu pflegen unternommen." [4]

Farbenlehre und Pflanzenchemie

Als 1809, ein Jahr vor dem Erscheinen seiner zweibändigen Farbenlehre, ist eine verstärkte Beschäftigung Goethes mit chemischen Aspekten in der Botanik feststellbar. Am 24. Mai 1809 notierte Goethe in sein Tagebuch, daß er mit Professor Voigt (1781-1850, Professor für Arzneikunde und Vorstand des Botanischen Gartens in Jena) im Botanischen Garten gewesen sei, um sich mit ihm über Fragen der Pflanzenfamilien, besonders aber über deren Farben zu unterrichten. Am 1. August desselben Jahres notierte er dann nochmals, daß er sich mit Voigt über Farben der Pflanzen unterhalten habe. Im Frühsommer 1809 hielt sich Goethe in Jena auf, um den Druck der „Farbenlehre" beim Drucker Frommann zu leiten. Gleichzeitig schrieb er auch den Roman „Die Wahlverwandtschaften", der im Spätsommer veröffentlich wurde.

Der didaktische Teil von Goethes Farbenlehre [7] beschäftigt sich in der dritten Abteilung mit den „Chemischen Farben" und darin auch mit den Farben der Pflanzen, die er in § 617 als eine *„höhere chemische Operation"* bezeichnet – heute als Biosynthese der Pflanzenfarbstoffe verstanden. Er berichtet über die Varianten eines „Geschlechts" und stellt fest, daß Rosen und Malven Farben des ganzen Farbenkreises aufweisen. Über die saftigen Hüllen der früchte (§ 627) schreibt er, daß sie sich von der grünen Farbe durch das Gelbliche und Gelbe bis zu dem höchsten Rot erhöhen. Er äußert sich weiterhin (§ 630), daß die Farbe des Holzes vom Gelben durch die verschiedenen Stufen des Roten bis ins Purpurfarbene und Braune gehe; blaue Hölzer seien ihm nicht bekannt. Damit umschreibt er die damals noch unbekannten Farbstoffgruppen der Chlorophylle, Anthocyane und Flavonoide sowie Carotenoide.

In den diesen Teil der Farbenlehre abschließenden §§ 634 und 635 führt Goethe chemische Umwandlungen auf, die schon Robert Boyle als Indikatorreaktionen auf Säuren und Basen beschrieben hat, wobei er vom Weingeistextrakt der Blüten und anderer Pflanzenteile ausgeht. Zu diesem Zeitpunkt hatte Goethe noch keine umfassenden eigenen Experimente durchgeführt. Mit Johann Wolfgang Döbereiner (1780-1849, ab 1810 Professor in Jena) begann eine intensive Zusammenarbeit in der Chemie, die auch in der „Pflanzenchimie" (Tagebucheintragung 1812) zum Thema hatte. An dieser Stelle seines Tagebuches schreibt er: *„Es ist so weit gekommen, daß die mechanische und* atomistische *Vorstellungsart in guten Köpfen ganz verdrängt und alle Phänomene als dynamisch und chemisch erscheinen und so das göttliche Leben der Natur immer mehr bestätigen werden."* [5].

Johann Wolfgang Döbereiner – Gemälde von 1825

Im September 1815 beschäftigen Goethe die *„chemischen Pflanzenfarben“* erneut (Abbildung 2). Er vermerkte in seinem Tagebuch, daß er mit Professor Sturm bei Tisch dieses Thema besprochen hätte. Karl Christian Sturm (1781-1826) war zu diesen Zeit Initiator und Leiter des landwirtschaftlichen Institut auf dem Kammergut Tiefurt und zugleich Extraordinarius der Philosophie in Jena.

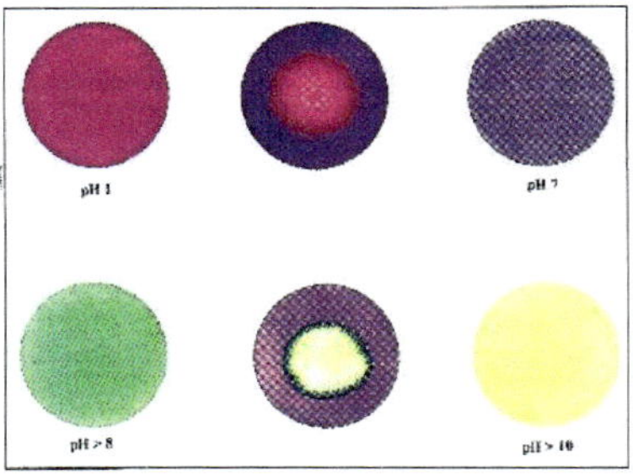

Abb. 2. Farben der Anthocyane unter verschiedenen pH-Bedingungen, die Goethe in verschiedenen Blütenextrakten beobachtet hat – (hier am Beispiel eines Rotkohlextraktes).

Links aus „Biologie *in unserer Zeit*“,

Abb. 4. Goethes „chemische Versuche mit Pflanzensäften“: „Pflanzenfarben durch Weingeist ausgezogen“ – auf Filterpapier am Beispiel der Blütenfarbstoffe aus blauen Stiefmütterchen (Viola tricolor).

rechts aus: Chemie *in unserer Zeit* 33 (1999) Nr.4

Experimente mit Pflanzenfarben

1906 erschien in der Weimarer Ausgabe von Goethes Werken im Auftrag der Großherzogin Sophie von Sachsen ein Band „Naturwissenschaftliche Schriften“ mit den Paralipomena (Nachgelassenes) zur Farbenlehre [2]. Die Bearbeiter stellen in ihrem Vorwort fest, daß sie nur eine Auswahl aus den hinterlassenen Schriften treffen konnten, die Zeugnis darüber ablegen würden, wieviel Sorgfalt und Arbeit Goethe auf das Experiment selbst verwendet habe, daß unter anderem zum Ziel gehabt hätte, über das „Wesen der Pflanzenfarben Aufschluß zu erlangen.“ Und sie stellen fest: „Über alle diese Gegenstände findet man hier Beobachtungsjournale.“

Aus den Aufzeichnungen in diesen Beobachtungsjournalen geht hervor, daß Goethe im Juni 1816 umfangreiche Versuchsreihen über die Farben von Pflanzenextrakten durchgeführt hat. Er hat insgesamt „Blumen- und Pflanzenteile“ von 39 verschiedenen Pflanzen untersucht. In einer Mappe mit der Aufschrift „Pflanzenfarben“ hat Goethe seine Aufzeichnungen mit teils fremden Abhandlungen, teils eigenen Ausführungen zusammengefaßt, die im Goethe- und Schillerarchiv in Weimar erhalten geblieben sind. Die tabellarischen Aufzeichnungen sind von seinem Schreiber Friedrich Theodor David Kräuter (1790-1856, ab 1816 Bibliothekssekretär) und auch von Goethe selbst verfaßt worden.

In einem Text, der sich offensichtlich auf die im folgenden beschriebenen Experimente bezieht, äußert sich Goethe grundlegend über seine Versuche: *„Die Pflanzennatur hat die Eigenschaft in ihrer Organisation sämmtliche Hauptfarben und mancherley Abstufungen derselben darzustellen, wir zählen sie zu den chemischen, denn sie sind mehr oder weniger dauerhaft, lassen sich ausziehen, verdichten, andern Körpern mittheilen. Sie werden durch chemische Mittel verändert; wir bedienen uns hiezu des Hauptgegensatzes von Säuren und Basen und bringen zuerst den vegetabilen Gegensatz von Grün und Roth zur Sprache. Grün ist die unterste Stufe mit Alkalien verwandt, Roth die oberste verwandt mit Säuren. Die Pflanze, Licht und Luft ausgesetzt, hat in ihrer steigenden Organisation die Gabe, das Farbenhafte in sich aufzunehmen und solches zuletzt in der Blume* [Blüte], *und zwar sowohl der aktiven als passiven Seite, zu manifestiren. Wir zeigen daher zuerst an wie wir sowohl Stengelblätter als Blumenblätter mit Weingeist ausgezogen und mit Säuren und Alkalien behandelt haben.“*

In vier Spalten hat Goethe seine Beobachtungen tabellarisch erfaßt (Tabelle 1). Zunächst benennt er die *„Blumen und Pflanzentheile"*, dann beschreibt er das Ergebnis der Extraktion – *Extrahirt mit Weingeist*, die Farbänderung durch Salzsäure *„Mit Salzsäure behandelt"* und diejenige nach Zusatz von Ammoniak *„Mit Ammoniak behandelt"*.

Tab. 1. GOETHES „ausgedehnte Versuche über die Farben von Pflanzenextrakten"

Juni/Juli 1816 (Beobachtungsjournale – WA II, 5.2, 142–161)

39 verschiedene Pflanzen („Blumen- und Pflanzentheile") – „mit Weingeist extrahirt und mit Salzsäure und Ammoniak behandelt"

Blumen und Pflanzentheile.	Extrahirt mit Weingeist.	Mit Salzsäure behandelt.	Mit Ammoniak behandelt.
4. Tulpen, blaurothe.	4. Schnell ausgezogen, der Extract hyacinthfarbig, die extrahirten Blätter schmuzig weiß.	4. Blaßroth eher ins Violette.	4. Gelbgrün.
9. *Iris Germanica* Blauroth.	9. Amethystfarbig.	9. Schön roth, wenig nach dem Violetten ziehend.	9. Smaragdgrün mit weniger, Papageygrün mit vielem Ammon.
10. *Viola tricolor.* Blaue Bl.	10. Amethystfarbig.	10. Derselbe Fall, das Roth vom vorigen nicht zu unterscheiden.	10. Derselbe Fall. Das Grün nur Papageygrün.
13. Hochrothe Rosen.	13. Tief gelb.	13. Schön roth.	13. Papageygrün.
22. Schale von röthlichen Radischen.	22. Dem oriental. Granat ähnlich.	22. Zwischen Ziegel- und Karminroth.	22. Beynahe Smaragdgrün (Das Berühren beyder Flüßigkeiten das schönste Blau, beym Vermischen Violett.)

Ein ausgewähltes Beispiel soll die Darstellungsweise Goethes verdeutlichen, verbunden mit den Erklärungen aus dem Wissen unserer Zeit:

„5. Tulpen, blaurothe. / Schnell ausgezogen, der Extract hyacinthfarbig, die extrahirten Blätter schmutzig weiß. / Blaßroth eher ins Violette. / Gelbgrün".

Die Interpretation dieser reproduzierbaren Beobachtungen lauten: Die Extraktion der Blütenfarbstoffe ist vollständig. Es handelt sich vor allem um Anthocyane, die zu den verbreitesten Flavefarbstoffen zählen. Der Farbumschlag beruht auf der Umwandlung des roten Flavylium-Kations über die violette Farbbase Flavenol in das blaue Flavenolat-Anion. Bei noch höherem pH-Wert erfolgt eine Ringöffnung, es wird das gelbe Chalkon gebildet. Nach neueren Arbeiten spielen auch Vorgänge der Selbstassoziation,

Copigmentierung und sandwichartiger Stapelung eine Rolle. Das von Goethe meist beobachtete Grün ist somit eine Mischfarbe aus Gelb und Blau. Mit der Chemie dieser Pflanzenfarbstoffe beschäftigte sich ab 1914 der spätere Nobelpreisträger (1915) Richard Willstätter (1872-1942), der zuvor die Struktur des Chlorophylls aufgeklärt hatte. Aus Goethes detailliert aufgezeichneten Beobachtungen lassen sich aufgrund der pH-abhängigen Farbumschläge eindeutige Rückschlüsse auf die bei seinen Experimenten erzielten pH-Werte ziehen. In weiteren Aufzeichnungen hat Goethe Systematisierungsversuche entsprechend seiner Farbenlehre unternommen, Er hat dazu eine Ordnung nach den Farben Rot, Gelbrot, Blaurot, Gelb, Blau, Grün und Weiß aufgestellt und dafür jeweils Beispiele aus seinen Untersuchungen angegeben.
[Anmerkung: Die ersten veröffentlichten Untersuchungen über Blütenfarbstoffen stammen von dem Bonner Apotheker Ludwig Clamor MARQUART (1804-1881) aus dem Jahr 1835. Er promovierte mit seiner Arbeit *Die Farben der Blüthen. Eine chemisch-physiologische Abhandlung* an der Universität Heidelberb zum Dr. phil. und prägte erstmals den Namen Anthocyane. Goethes Arbeiten aus dem Jahr 1816 konnte er nicht kennen, da sie erst 1906 veröffentlicht wurden – s. in G. Schwedt, Der Bonner Apotheker Marquart und die Farben der Blüten. Eine Bonner Wissenschafts- und Industriegeschichte, Kid Verlag, Bonn 2022.]

In dem genannten Aktenbündel (Faszikel) Goethes mit dem Titel *„Pflanzenfarben"* sind einige fremde Abhandlungen enthalten, u.a. Druckschriften des bereits vorgestellten Friedrich Siegmund Voigt – „Von der Übereinstimmung des Stoffs mit dem Bau bey den Pflanzen, als leitendes Prinzip bey chemischen Untersuchungen" und „Farbengesetze an den Pflanzen nach Voigt's Farben der organischen Körper".
Zum Thema „Farben der organischen Körper" hat die Herausgeberin von Goethes Schriften, Dorothea Kuhn, Erläuterungen zur Morphologie geschrieben, die nochmals aus anderer Sicht den Stellenwert von Goethes

Experimenten hervorheben [4]: „Es gab nicht viele Vorarbeiten auf diesem Gebiet. [Am] 24. März 1816 nennt Voigt eine Arbeit von Jean Francois Mérimée [1757-1836; franz. Schriftsteller, Maler und Chemiker], den er aber als Atomistiker kennzeichnet, was für Goethe keine Empfehlung darstellte. In seinem Buch über ‚Die Farben der organischen Körper' [Jena 1816] weist Voigt auf Kapitel in Lehrbüchern und auf Tafelwerke, auch auf Goethes Farbenlehre hin. Aber er selbst kommt über die Sammlung von Beispielen nur wenig hinaus. Das war wohl auch der Grund für Goethes eigene Bemühungen um Material aus der Botanik und für seine Untersuchungen über die Farben von Pflanzen von März 1816 an."

Die Reagenzien für seine Experimente, die er nach seinen Tagebuchaufzeichnungen in seinem Wohnhaus durchführte, hatte er von Döbereiner aus Jena erhalten, der ihm in ein versiegeltes Holzkästchen verpackt „Weingeist zur Eduktion derjenigen Pflanzenfarben, welche sich nicht dem Wasser mittheilen", „Salzsäure zur Entwicklung des sauern Pigments im zusammengesetzten wässerigen oder geistigen Farbenextrakte" und „Alkali" (Ammoniak) zu sichtbaren Darstellung des basischen Farbstoffs" überbringen ließ. Vier Jahre nach diesen Experimenten nahm Goethe im Juni 1820 sowohl die Pflanzenextrakte als auch seine Aufzeichnungen wieder vor und registrierte die aufgetretenen Veränderungen [4].

Goethes Visionen zur Pflanzenchemie

Welch hohes Maß an Gespür für die Bedeutung der Chemie in der Botanik Goethe besaß, verdeutlicht eine Episode beim Zusammentreffen mit Friedlieb Ferdinand Runge (1794-1867, Entdecker u.a. des Anilins im Steinkohlenteer) und ein Brief, zwei Monate vor seinem Tod geschrieben, an den Pharmazeuten und Chemiker Heinrich Wilhelm Ferdinand Wackenroder (1798-1854), Nachfolger Döbereiners in Jena. [zu Wackenroder s. auch im Beitrag in der *Frankfurter Rundschau* oben]

F. F. Runge – Jugendbild (o.J.)

Runge promovierte 1819 mit einer pflanzenchemischen Arbeit bei Döbereiner zum Dr. med. („Von einer neuen Methode, eine Vergiftung mit Tollkirsche, Stechapfel und auch Bilsenkraut zu ermitteln"), in der er zum Nachwiese der Atropins ein lebendiges Katzenauge verwendete. Diese Reaktion (Erweiterung der Pupille) führte er Goethe in Jena am 3. Oktober 1819 vor. Goethe war beeindruckt und übergab Runge zum Abschied eine Schachtel mit Kaffeebohnen. Er regte Runge zu „pflanzenchemischen" Untersuchungen an und wurde so zum „Mitentdecker" eines wichtiges Alkaloids, des Coffeins, das Runge 1820 als „Kaffeebase" isolierte. Vielleicht hatte Goethe die morphologische Ähnlichkeit zwischen Tollkirsche und Kaffeepflanze zu dieser Anregung inspiriert. Runge prägte den Begriff „Phytochemie" und übersandte Goethe 1820 sein Werk zu diesem Thema [5].

Gemeine Tollkirsche (*Atropa belladonna*)
(aus: O. W. Thomé, Flora von Deutschland
Gera 1885)

Arabica-Kaffee (*Coffea arabica*)
(aus: *Köhler's Medizinalpflanzen*
1887)

Am 21 Januar 1832 schrieb Goethe an Wackenroder zur Pflanzenchemie einen weit vorausschauenden Satz: *„Es interessiert mich höchlich, inwiefern es möglich sei, der organisch-chemischen Operation des Lebens beizukommen, durch welche die Metamorphose der Pflanzen nach einem und demselben Gesetz auf die mannigfaltigste Weise bewirkt wird."*

Im 20. Jahrhundert sollte es den Biologen und Chemikern dann gelingen, mit ihren Forschungen zur Molekularbiologie und Biochemie des Lebens insgesamt auch diesen Visionen Goethes *beizukommen.*

Literatur

[1] W.-H. Hein (Hrsg.) (1985) Alexander von Humboldt. Leben und Werk, darin: K. Dobat, Alexander von Humboldt als Botaniker, Boehringer Ingelheim. [2] Goethes Werke, Goethes Naturwissenschaftliche Schriften (1906), 5. Band, 2. Abt., Böhlau, Weimar. [3] Goethe Die Schriften zur Naturwissenschaft, 10. Band Teil A. Zur Morphologie. Von 1816 bis 1824. Ergänzungen und Erläuterungen. Ausgabe im Auftrage der Deutschen Akademie der Naturforscher Leopoldina. Bearb. von D. Kuhn (1995), Böhlau, Weimar. [4] D. Kuhn (Hrsg.) (1987) Johann Wolfgang Goethe. Schriften zur Morphologie, 1. Abt.: Sämtliche Werke, Band 24, Deutscher Klassiker Verlag, Frankfurt am Main. [5] G. Schwedt (1998) Goethe als Chemiker, Springer-Verlag, Berlin/Heidelberg. [6] H. Scurla (1984) Alexander von Humboldt. Eine Biographie, Fischer Verlag, Frankfurt am Main. [7] M. Wenzel (Hrsg.) (1991) Johann Wolfgang Goethe zur Farbenlehre, 1. Abt.: Sämtliche Werke Band 23/1, Deutscher Klassiker Verlag Band 23/1, Deutscher Klassiker Verlag, Frankfurt am Main.

Georg Schwedt,
Clausthal-Zellerfeld.

Chronologie zu Goethes botanischen Studien

1776 *April*: Anlage eines Gartens im Ilmtal an seinem Gartenhaus

1778 *Frühjahr*: Beginn der Neugestaltung des Weimarer Parks unter Goethes Anleitung

1785 *Juni bis August*: Botanische Studien auf der Reise mit KNEBEL im Fichtelgebirge bis nach Karlsbad; dort erste Gespräche zu einer *Metamorphosenlehre*
November: Erstes intensives Studium von Linnés *Philosophica Botanica* in Ilmenau; schickt Moose an Frau von STEIN, verspricht Schwämme

1786 *April*: Botanische und mikroskopische Studien; Beobachtungen der Infusionstierchen unterm Mikroskop; Gespräche mit BATSCH über Pflanzen und Infusorien
Juli bis September: Intensive botanische Studien. Erste Konzeption zur Idee der Metamorphose.
Ab *September*: Reise von Karlsbad nach Italien. Im Wirtshaus am Brenner Niederschrift von botanischen Beobachtungen.
Besuch des botanischen Gartens in Padua.

1787 In Italien: *22. Februar* Besuch der wildwachsenden Parkanlage des Prinzen CHIGI in Ariccia bei Rom; *März* in Neapel Beschäftigung mit der Idee der Urpflanze und der Entwicklung der Pflanzengestalt aus der Metamorphose des Blattes.
April Palermo zur *Urpflanze* im botanischen Garten, dessen fremdländische Vegetation. Reise in das Innere Siziliens: Tagebuchaufzeichnungen über die Pflanzenwelt.
In Rom (7. *Juni* bis Anfang *August*) Goethe trägt J. H. MEYER und Karl Philipp MORITZ Grundgedanken zur Metamorphose der Pflanzen vor.

1788 Wieder in Weimar (ab 18. Juni): *28. Sept.* Brief an GÖSCHEN mit der Bitte um Zusendung von LINNÉS *Genera Plantarum* und *Systema Naturae.*

1789 24. *Oktober*: Auftrag vom Herzog, eine *Botanische Anstalt* in Jena einzurichten. *Nov./Dez.* Ausarbeitung der Schrift *Versuch, die Metamorphose der Pflanzen zu erklären.*

1790 11.-19. *Sept.* Breslau. Reise ins Riesengebirge: Untersuchung des Enzians.

1791 9. *Sept.* Eröffnung der Freitagsgesellschaft mit auch Vorträgen zur Botanik (u.a. mit Batsch)

1792 Vorlesung aus dem Lehrgedicht *Hymnus an Pflanzen* des Linné-Schülers Karl Emil Freiherr v. d. LÜHE (1751-1801).

1794 Goethe übernimmt die Verwaltung der neugegründeten botanischen Anstalten Jena (mit Chr. G. VOIGT), Leiter Karl BATSCH.

1796 *Juni* Beginn der Versuche zum Wachstum Pflanzen (Kresse, Bohnen) unter verschiedenfarbigen Gläsern.

1798 17./18. *Juni* Entstehung der Elegie *Die Metamorphose der Pflanzen.*

1799 Erscheinen des Lehrgedichts *Die Metamorphose der Pflanzen*

1806 Absicht, die Morphologie gesammelt bei COTTA herauszugeben

1809 Studien im Botanischen Garten in Jena mit Prof. Voigt; 14.*August* Versuch an der *Mimosa pudica* mit brennendem Schwamm

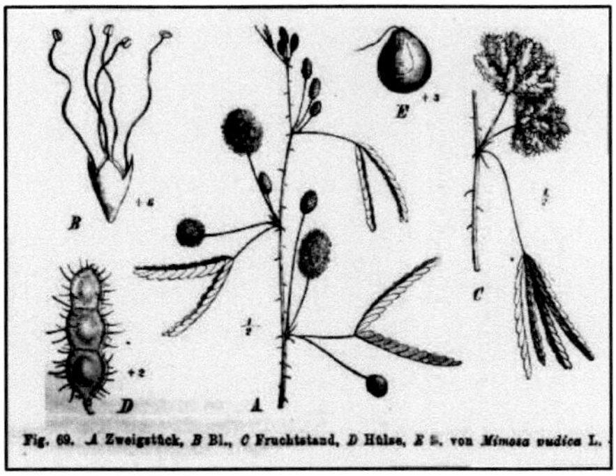

Pflanzenteile der *Mimosa pudica* – P.H.W. Taubert (1862-1897) 1891

1811 2. Hälfte: Studium von Werken zur Geschichte und Systematik der Botanik; VOIGTS „System der Botanik“

1815 *Sept.* Beschäftigung mit *chemischen Pflanzenfarben*

1816 28. *Juni* Besuch von Chr. G. NEES von ESENBECK (Briefwechsel 1816 bis 1827); *Juni/Juli* Versuchsreihen über die Farben von Pflanzenextrakten; Gespräch mit Prof. Karl Christoph Gottlob STURM (1781-1826; Leiter des landwirt. Institut in Tiefurt,

Agroökonom, Prof. in Jena und Bonn) über die chemischen Pflanzenfarben.
Oktober erneutes Studium der Werke von LINNÈ und von C.F. WOLFF

1817 Erscheinen der Hefte ... *besonders der Morphologie* (bis 1824)

1821 Malvengewächse nach Goethe benannt: *Goethea cauliflora* und *semperflorens*

1824 Bekanntschaft mit dem Botaniker K. Ph. Fr. v. MARTIUS (1794-1868); besonderes Interesse an dessen Arbeiten zur Flora Brasiliens und über Palmen

1826 24. *März*: Aufsatz über *Byrophyllum calycinum*; Anfrage an Voigt über Fichten

1828 *Juli-September* in Dornburg: Studium botanischer Werke, Beschäftigung mit Weinbau; 7. *Juli*: Botanischer Garten – Betrachtung von *Heracleum speciosum* (Wiesen-Bärenklau) und *Bignonia radicans* (Klettertrompete)

1829 21. *Jan.* über *Anthericum comosum* (Graslilie)

1830 17./23. *Mai:* Studium von ROUSSEAUS botanischen Schriften; Lehre der Spiraltendenz im Pflanzenleben; Beschäftigung mit rotblühender *Vicia faba* (Ackerbohne), *Colutea arborescens* (Gelber Blasenstrauch), zahlreiche Eintragungen zur Botanik im Tagebuch

1831 8. *März* Anfrage an Theodor KRÄUTER (1790-1856), Bibliothekssekretär zum Botaniker und Blumenmaler TURPIN; 16. *Mai* Beobachtung der Pisangpflanze (staudenartiges Palmengewächs); Lektüre von *Histoire physiologique des plantes d'Europe ...* (Paris 1841, 4 Bände) von Jean-Pierre VAUCHER (1763-1841; Schweizer Theologe und Botaniker).

Quellen:

Goethe und die Welt der Pflanzen (Heike Spieß, Goethe-Museum), Düsseldorf 1999: S. 127-131.

Chronik von Goethes Leben (Franz Götting), Insel-Verlag, Leipzig 1953.

Goethes Leben von Tag zu Tag. Eine dokumentarische Chronik von Robert Steiger, Artemis, Zürich und München, 1982-1996.
Generalregister von Siegfried Seifert, De Gruyter, Berlin 2011.

Personen-Register

Literaturhinweise

In den meisten Kapiteln sind die verwendeten Literaturstellen direkt genannt worden.

Zu einem intensiven Studium ist der von Dorothea KUHN herausgegebene Werk „Johann Wolfgang Goethe Schriften zur Morphologie Band 24 I. Abteilung: Sämtliche Werke (Bibliothek Deutsche Klassiker) *Goethes Schriften zur Morphologie, neu ediert und umfassend kommentiert,* Deutscher Klassiker Verlag, Frankfurt am Main 1987" bestens zu empfehlen.

Im Band 23 der *Sämtlichen Werke* „Naturkundliche Schriften I: Zur Farbenlehre" sind auch die chemischen Versuche zu den Pflanzenfarbstoffen enthalten (s. Literaturangaben auf S. 141).

Empfehlenswert ist auch das zur Sonderausstellung im Goethe-Museum Anton- und Katharina-Kippenberg-Stiftung in Düsseldorf von Heike Spieß zusammengestellte und verfasste Katalog „Goethe und die die Welt der Pflanzen" (herausgegeben von Volkmar Hansen).

Ein spezielles Thema behandelt die Schrift „Goethe und die Forstwirtschaft" von Maria Wagner (Verlag Kessel, Remagen 2007 und 2011).

Publikationen des Autors zu GOETHE und die NATURWISSENSCHAFTEN

BÜCHER:

- Goethe. Museen – Orte – Reiserouten, Callwey Verlag, München 1996.
- Goethe als Chemiker, Springer-Verlag, Heidelberg 1998.
- Goethes Reisen an den Rhein, Bouvier, Bonn 1998.
- Goethe-Orte des Harzes, Piepersche Druckerei und Verlag, Clausthal-Zellerfeld 1999.
- Goethe in Göttingen und zur Kur in Pyrmont, Vandenhoek & Ruprecht, Göttingen 1999.
- Goethes chemische Experimente, Aulis Verlag Deubner & CoKG, Köln 1999.
- Goethe. Der Manager, Wile-VCH, Weinheim 2010.
- Goethes heilsame Wässer. Gesundbrunnen in Thüringen, Böhmen, Pyrmont und Wiesbaden, Weimarer Verlagsges., Weimar 2012.
- Natur und Poesie. Ludwig Bechstein über Goethes botanisch-mineralogische Reise nach Karlsbad, Verlag Rockstuhl, Bad Langensalza 2016.

Publikationen in Zeitschriften

- Goethes Wirken für die Chemie, CLB Chemie für Labor und Betrieb 39, 240-243 (1988)
- Goethe und angewandte Chemie, Mitteilungsblatt der TU Clausthal Heft 82, 24-27 (1997)
- Goethe – *neu coloirt*. Goethes chemische Farbenexperimente, Kultur & Technik (4), 51-54 (1998)
- Die Natuwissenschaften in Goethes Freitagsgesellschaft, Naturwissenschaftliche Rundschau 52, Heft 1, 5-11 (1999)
- Goethe als Förderer der Chemie, CLB Chemie für Labor und Biotechnik 50, 105-108 (1999)
- Pharmazeuten als Goethes Berater in der Chemie, Deutsche Apotheker Zeitung – Beilage Geschichte der Pharmazie 51, 17-22 (1999)

- Goethes chemische Bibliothek in Weimar, CLB Chemie in Labor und Biotechnik Aug. 301-305 (1999)
- Mit ernstem Grün und balsamischem Dufte. Die Fragen an die Natur kann erst die moderne Wissenschaft beantworten, Frankfurter Rundschau Aug. (55) Nr. 187/32.
- Goethes Experimente mit „chemischen Farben“, Chemie in unserer Zeit 33 (4), 206-211 (1999)
- Goethes Experimente mit ultraviolettem Licht, Physik in unserer Zeit 30 (5), 207-210 (1999)
- Goethe unter bedeutenden Pharmazeuten, Pharmazie in unserer Zeit 28 (6), 314-319 (1999)
- Der Wein in Goethes Werken – zum 250. Geburtstag, Die Weinwissenschaft 54 (2-3), 88-92 (1999)
- Goethes Beiträge zur Pflanzenchemie, Biologie in unserer Zeit 29 (4), 247-249(1999)
- Goethes heilsame Wässer – seine Kuren in berühmten Bädern, Jahresgaben der Goethe-Gesellschaft Bonn 41-56 (2014/15)
- Goethe und seine Bibliotheken, Jahresgaben der Goethe-Gesellschaft Bonn 31-45 (2016/2018), Bernstein-Verlag, Siegburg/Bonn 2020.
- Goethe als Manager, Jahresgaben der Goethe-Gesellschaft Bonn 69-82 (2019/23), Bonn 2024.